婴幼儿
心理发展与照护

YINGYOU'ER XINLI FAZHAN YU ZHAOHU

主　编／朱晓红

副主编／周　娟　杨日飞　李小培
　　　　张咏梅　陈娜仁　王春艳
　　　　乌力吉格日乐

东北师范大学出版社

长　春

图书在版编目（CIP）数据

婴幼儿心理发展与照护 / 朱晓红主编. --长春：东北师范大学出版社，2025.4. -- ISBN 978-7-5771-2480-3

Ⅰ.B844.12

中国国家版本馆 CIP 数据核字第 20251TW399 号

□策划编辑：石　斌
□责任编辑：石　斌　　□封面设计：张　然
□责任校对：徐小红　　□责任印制：侯建军

东北师范大学出版社出版发行
长春净月经济开发区金宝街118号（邮政编码：130117）
电话：0431—84568023
网址：http://www.nenup.com
东北师范大学音像出版社制版
吉林市海阔工贸有限公司印装
吉林市恒山西路花园小区6号楼（邮政编码：132013）
2025年4月第1版　2025年4月第1次印刷
幅面尺寸：185mm×260mm　印张：12.25　字数：213千

定价：**49.80元**

前言

人出生后最初的 1000 天是人一生发展的关键时期。0～3 岁婴幼儿照护服务是生命全周期服务管理的基础工程，对促进人的全面发展具有重要意义。目前，我国 3 岁以下婴幼儿有 3000 多万，其中 1/3 以上的家庭有较强烈的入托需求，婴幼儿照护服务的发展有利于降低家庭养育的时间成本并减轻经济压力，从而缓解生育焦虑。

党的二十大报告强调在"幼有所育"上要持续用力，同时，"十四五"规划中明确提出将托育服务作为重点发展领域，计划到"十四五"期末，每千人口拥有 3 岁以下婴幼儿托位数提高到 4.5 个。这表明国家层面对婴幼儿照护服务的高质量发展给予了高度重视，并设定了明确的发展目标。尤其是《中共中央 国务院关于优化生育政策促进人口长期均衡发展的决定》《关于进一步完善和落实积极生育支持措施的指导意见》《关于加快完善生育支持政策体系推动建设生育友好型社会的若干措施》等文件的印发，为我国公共托育服务体系的建设指明了方向。

本教材从 0～3 岁婴幼儿心理发展的内涵出发，深入探讨了婴幼儿心理发展的趋势、特征和生理基础，对婴幼儿动作发展、认知发展、语言发展和社会性发展等多个维度进行剖析，力求为读者提供一个多角度、全方位的婴幼儿发展图景。本教材设置了照护实务、资料拓展、典型案例、托育政策等模块和栏目，以提高学习者学习的实践性和便捷性。为方便叙述，本教材中"婴幼儿"均指 0～3 岁婴幼儿。

本教材编写分工如下：第一章由朱晓红、王春艳编写，概述了婴幼儿心理发展的基本概念，并探讨了心理发展与照护的内涵、内容、原则和意义。第二章由李小培编写，深入探讨了婴幼儿解剖生理发育的特点、生长发育的规律和影响因素，以及日常生活照护实务。第三至六章分别由周娟、杨日飞、张咏梅、李小培编写，聚焦婴幼儿的动作发展、认知发展、语言发展和社会性发展，每一章都从概述、发展规律与特点、照护策略等方面进行详细阐述，旨在帮助读者理解婴幼儿在不同领域的成长需求，并提供相应的照护指导。

本教材旨在为家长、教育工作者以及所有对婴幼儿发展与照护感兴趣的读者提供全面的指导，帮助他们理解婴幼儿的发展，并提供实用的照护策略。我们希望能够成为家长和教育工作者的得力助手，愿这本书能够激发读者对婴幼儿发展的关注与热情。让我们共同为婴幼儿的健康成长贡献力量。

本教材在编写过程中参考了国内外大量相关文献，这些智慧和经验为本教材奠定了深厚的写作基础；从婴幼儿家庭及托育机构中采集了部分宝贵的照片和案例，这些照片和案例为本书的内容丰富提供了重要保障，在此一并致谢！由于编者能力有限，书中难免存在疏漏和不足之处，恳请同行和读者不吝指正，以便我们对本书进行修正和改进。

朱晓红

2025.1.20

目 录

第一章　绪　论 …………………………………………………………………… 1

　第一节　婴幼儿心理发展概述 ………………………………………………… 3
　　一、婴幼儿心理发展的内涵 ………………………………………………… 3
　　二、婴幼儿心理发展的趋势 ………………………………………………… 4
　　三、婴幼儿心理发展的一般特征 …………………………………………… 5
　　四、婴幼儿心理发展的年龄特征 …………………………………………… 7
　第二节　婴幼儿心理发展与照护概述 ………………………………………… 11
　　一、婴幼儿心理发展与照护的内涵 ………………………………………… 11
　　二、婴幼儿心理发展与照护的内容 ………………………………………… 12
　　三、婴幼儿心理发展与照护的原则 ………………………………………… 16
　　四、婴幼儿心理发展与照护的意义 ………………………………………… 18

第二章　婴幼儿心理发展的生理基础 ………………………………………… 23

　第一节　婴幼儿生理解剖及生理发育特点 …………………………………… 25
　　一、人体的主要系统和感觉器官 …………………………………………… 25
　　二、婴幼儿主要系统和感觉器官的生理解剖及生理发育特点 …………… 32
　第二节　婴幼儿生长发育的规律和影响因素 ………………………………… 41
　　一、婴幼儿生长发育的规律 ………………………………………………… 41
　　二、婴幼儿生长发育的影响因素 …………………………………………… 44
　第三节　婴幼儿日常生活照护实务 …………………………………………… 47
　　一、营养与科学喂养 ………………………………………………………… 47
　　二、睡眠 ……………………………………………………………………… 48
　　三、生活与卫生习惯 ………………………………………………………… 48
　　四、生长发育监测 …………………………………………………………… 50

第三章　婴幼儿动作发展与照护 … 53

第一节　婴幼儿动作发展概述 … 55
一、动作的概念 … 55
二、婴幼儿动作的概念 … 55
三、动作培养对婴幼儿发展的意义 … 55

第二节　婴幼儿动作发展的规律与特点 … 58
一、婴幼儿动作发展的规律 … 58
二、婴幼儿动作发展的特点 … 60

第三节　婴幼儿动作发展的照护 … 62
一、婴幼儿动作领域学习与发展的主要内容 … 62
二、婴幼儿粗大动作发展的照护 … 64
三、婴幼儿精细动作发展的照护 … 70
四、婴幼儿动作发展的照护策略 … 77

第四节　婴幼儿动作发展照护实务 … 80
一、婴儿期动作发展照护实务 … 80
二、幼儿期动作发展照护实务 … 81

第四章　婴幼儿认知发展与照护 … 85

第一节　婴幼儿认知概述 … 87
一、认知的概念 … 87
二、婴幼儿认知的概念 … 87
三、认知培养对婴幼儿发展的意义 … 88

第二节　婴幼儿认知发展的规律与特点 … 89
一、婴幼儿认知发展的规律 … 89
二、婴幼儿认知发展的特点 … 91

第三节　婴幼儿认知发展的照护 … 94
一、婴幼儿认知领域学习与发展的主要内容 … 94
二、婴幼儿感知觉发展的照护 … 95
三、婴幼儿概念掌握发展的照护 … 102
四、婴幼儿数理逻辑发展的照护 … 109
五、婴幼儿认知发展的照护策略 … 112

第四节　婴幼儿认知发展照护实务 … 115
一、婴幼儿感知觉发展照护实务 … 115

二、婴幼儿概念掌握发展照护实务 …………………………………………… 115
　　三、婴幼儿数理逻辑发展照护实务 …………………………………………… 116

第五章　婴幼儿语言发展与照护 ……………………………………………… 119
第一节　婴幼儿语言概述 …………………………………………………… 121
　　一、语言的概念 ………………………………………………………………… 121
　　二、婴幼儿语言发展的概念 …………………………………………………… 121
　　三、语言培养对婴幼儿发展的意义 …………………………………………… 122
第二节　婴幼儿语言发展的规律与特点 …………………………………… 126
　　一、婴幼儿语言发展的规律 …………………………………………………… 126
　　二、婴幼儿语言发展的特点 …………………………………………………… 127
第三节　婴幼儿语言发展的照护 …………………………………………… 134
　　一、婴幼儿语言领域学习与发展的主要内容 ………………………………… 134
　　二、婴幼儿语言理解能力发展的照护 ………………………………………… 135
　　三、婴幼儿语言表达能力发展的照护 ………………………………………… 141
　　四、婴幼儿语言发展的照护策略 ……………………………………………… 144
第四节　婴幼儿语言发展照护实务 ………………………………………… 149
　　一、婴幼儿非语言交流照护实务 ……………………………………………… 149
　　二、婴幼儿语音和词汇发展照护实务 ………………………………………… 149
　　三、婴幼儿句子发展照护实务 ………………………………………………… 149

第六章　婴幼儿社会性发展与照护 ……………………………………………… 153
第一节　婴幼儿社会性概述 ………………………………………………… 155
　　一、社会性的概念 ……………………………………………………………… 155
　　二、婴幼儿社会性的概念 ……………………………………………………… 155
　　三、社会性培养对婴幼儿发展的意义 ………………………………………… 155
第二节　婴幼儿社会性发展的规律与特点 ………………………………… 156
　　一、婴幼儿社会性发展的规律 ………………………………………………… 156
　　二、婴幼儿社会性发展的特点 ………………………………………………… 159
第三节　婴幼儿社会性发展的照护 ………………………………………… 162
　　一、婴幼儿社会性领域学习与发展的主要内容 ……………………………… 162
　　二、婴幼儿社会认知能力发展与照护 ………………………………………… 163
　　三、婴幼儿社会情感能力发展与照护 ………………………………………… 165

四、婴幼儿社会行为能力发展与照护 …………………………………… 169
　　五、婴幼儿社会性发展的照护策略 ……………………………………… 173
第四节　婴幼儿社会性发展照护实务 ………………………………………… 177
　　一、婴幼儿规范认知发展照护实务 ……………………………………… 177
　　二、婴幼儿情绪识别发展照护实务 ……………………………………… 177
　　三、婴幼儿同伴交往发展照护实务 ……………………………………… 178
　　四、婴幼儿社会性适应行为发展照护实务 ……………………………… 178

附录　托育相关政策文件 ……………………………………………………… 181

参考文献 ………………………………………………………………………… 183

第一章

绪 论

学习目标

知识目标：

1. 掌握婴幼儿心理发展的内涵、趋势、一般特征和年龄特征；
2. 理解婴幼儿心理发展与照护的内涵、内容、原则和意义。

技能目标：

运用整体性和针对性相结合的照护方法，掌握循序渐进、因材施教的照护技能。

素养目标：

1. 培养良好的思考能力；
2. 培养正确的儿童观。

知识图谱

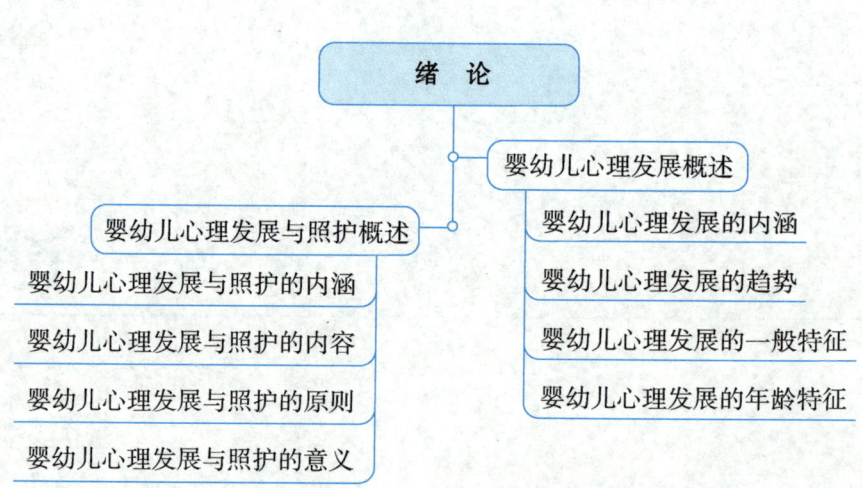

绪 论
- 婴幼儿心理发展概述
  - 婴幼儿心理发展的内涵
  - 婴幼儿心理发展的趋势
  - 婴幼儿心理发展的一般特征
  - 婴幼儿心理发展的年龄特征
- 婴幼儿心理发展与照护概述
  - 婴幼儿心理发展与照护的内涵
  - 婴幼儿心理发展与照护的内容
  - 婴幼儿心理发展与照护的原则
  - 婴幼儿心理发展与照护的意义

情景与问题

最近，王勇和张梅有了他们的第三个孩子。三个孩子的个性、能力以及兴趣各不相同。最小的女儿与哥哥姐姐完全不同，翻身较晚，但她比哥哥姐姐更擅于"交际"。另外，她的头发和眼睛与其他两个孩子长得也不一样。母亲并非有意要比较他们，她认为自己对孩子们一视同仁，但她为他们之间的差异性感到惊讶。

问题引导：为什么出自同一个家庭的孩子看起来却大不相同？三个孩子的差异是如何产生的呢？请同学们广泛讨论。

第一章 绪 论

第一节 婴幼儿心理发展概述

一、婴幼儿心理发展的内涵

婴幼儿心理发展是指0~3岁期间，婴幼儿在生理发育的基础上，尤其是在脑发育的基础之上，心理从低级到高级、从简单到复杂的变化发展过程。这一发展过程是有规律的量变和质变的过程。

联合国儿童基金会"早期儿童养育与发展"项目认为，儿童全面发展包括社会发展、情绪发展、认知和语言发展、动作发展四大领域。当今国内外的婴幼儿心理学文献中描述最多的0~3岁婴幼儿心理发展内容包含动作、认知、语言、社会性（含情感）四大方面。

婴幼儿的发展领域中，身体发育最为明显。在0~3岁这人生的头三年里，婴幼儿从几乎不会做任何事情到能够做许多事情，主要原因是他们的身体在迅速发育，动作能力迅速提高，其速度快于出生后的任何其他时期。婴幼儿的动作是其内在心理功能的外在表现形式之一。婴幼儿动作的发展过程实际上决定了个体心理系统中信息处理的过程。

婴幼儿的认知发展是指婴幼儿看待世界、处理信息、存储和调取记忆、解决问题、语言沟通方面发生的变化。婴幼儿会在探索周围的世界、学习日常物品和事件名称的同时，开始学说话。个体认知能力发展主要表现为感知觉过程、表象过程和概念过程这三个过程的动态变化。由于认知能力展现出个体认识世界的智慧和能力，所以传统的智能开发与训练多集中在对认知能力的培养上。

婴幼儿的语言发展也可称为语言获得，指的是婴幼儿母语理解和产生能力的获得。语言是一种非常复杂的结构系统，包括语音、语义、语法、语用四个方面的内容。儿童必须逐步掌握以上四个方面的技能和规则，才能获得理解和运用母语的能力。婴幼儿的语言发展速度是其他复杂的心理过程和特征所无法比较的。在理解婴幼儿的语言发展过程中，研究婴幼儿是如何获得语言的，在婴幼儿语言获得中什么因素起决定性作用，这两个问题尤为重要。

儿童的社会情绪能力发展迅速。在婴幼儿时期，由父母和其他家庭成员给他们提供食物、安全的环境和娱乐方式。逐渐长大后，他们开始去找同龄人互动，在此过程中提高了沟通和情感表达的能力。蹒跚学步的小孩儿不管与同性别还是异性别的孩子都容易打成一片。但等到童年中期，他们开始建立真正的友谊时，玩伴多数是与自己同性别的。

以上四个方面的发展是相互依赖、密不可分的。生物、心理和社会因素在婴幼儿的发展过程中以复杂的方式互相作用，并影响其发展。

二、婴幼儿心理发展的趋势

婴幼儿的心理发展表现出以下一些趋势。

（一）从简单到复杂

这一发展趋势主要表现为婴幼儿心理从不齐全、未分化的发展逐步向分化发展。新生儿只有一些简单的无条件反射活动，他们只能对周围环境中的声音、光线、温度等单一刺激做出机械的反应。后来，随着条件反射系统的建立和不断复杂化，在环境的作用下，婴幼儿的感觉、知觉、记忆、想象和思维等心理活动才逐步出现和发展起来。无论是认知还是情绪情感，婴幼儿的每一种心理刚刚出现时都是笼统、单一的，后来才逐渐开始分化、丰富起来。

（二）从被动到主动

这一发展趋势主要表现为婴幼儿的心理从只有无意性向具有有意性发展，从主要受生理制约向逐步自主控制发展。新生儿通过无条件反射对外界刺激做出直接、被动的反应，心理和行为没有目的性，也无法自主控制。后来，婴幼儿逐步出现了一些有目的的活动，但是他们还不能意识到自己的活动目的。

额叶是大脑皮层中控制有意行为的主要机能区，由于婴幼儿的额叶发育速度相对其他区域的发育要迟缓一些，所以婴幼儿的心理活动的有意性和目的性水平都还比较低下。加之婴幼儿整体生长发育水平的局限性，婴幼儿的心理活动在很大程度上受生理的制约，因此多数的心理和行为都是在生理需要的推动下产生的。随着生理的成熟，在生活实践的锻炼推动下，婴幼儿自主控制自身心理和行为的能力逐步增强。

（三）从凌乱到成体系

这一发展趋势主要表现为婴幼儿心理构成成分从零散混乱、缺乏有机联系、不稳定逐步向有组织的、稳定的、整体的心理系统发展。婴幼儿早期还不能在头脑中将对事物的感知觉信息进行复杂的整合，也不能将各种认知信息进行长久的保存，对周围事物的兴趣、情感等也不稳定。如出生三四个月的婴儿由于不能将视觉信息充分整合，所以就不能做到手眼协调。随着月龄的增长，当各种信息能充分整合后，婴幼儿就能比较准确地完成手眼协调动作了。在情绪发展方面，婴幼儿各种情绪来得快，去得也快，如一个失去玩具伤心哭泣的幼儿会因为得到一颗糖果马上破涕为笑。到两三岁后，婴幼儿逐渐形成一些比较稳定的情感。

> **资料拓展**
>
> **"可怕的两岁"与"噩梦的三岁"**
>
> 很多人都听说过"可怕的两岁"。不过其实真正两岁的孩子并不可怕，"可怕的两岁"通常指的是从一岁半到两岁的这段时期，孩子的自我意识会有特别强烈的发展，他们会抗拒大人的指令和要求，而到了两岁时，他们会开始慢慢变得温和可亲，但"不幸"的是，这个阶段维持差不多半年，新一轮的"轰炸"又开始了，这就是两岁半到三岁的叛逆期，也有人称这个阶段是"可怕的两岁"的升级版——"噩梦的三岁"。孩子的整个成长过程就是在稳定与波动的交替出现中进行的，在这种过程中，孩子的成长会呈现出好坏交织、螺旋上升的局面（见图1-1）。
>
> 图1-1 稳定期与不稳定期的交替出现

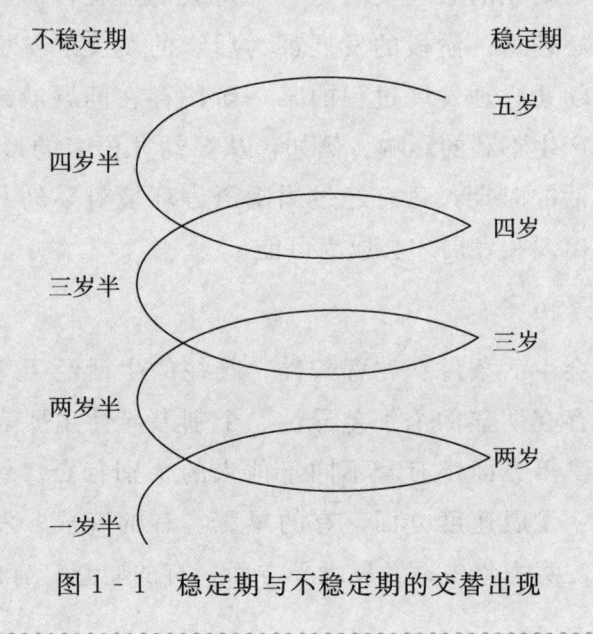

三、婴幼儿心理发展的一般特征

(一) 共同性

受遗传、环境和生活实践的影响，不同的婴幼儿在心理发展的时间和内容上表现出共同的特点。如多数婴幼儿动作发展的基本时间和顺序为"三（个月）翻（身）、六（个月）坐、八（个月）开爬"，婴幼儿语言能力的发展一般都有1~1.5岁的单词句阶段、1.5~2岁的双词句阶段和2~3岁的完整简单句阶段，婴幼儿最初级的思维——直觉行动思维则通常是在1.5~2岁时发生。在一定社会和教育条件下，儿童每个年龄阶段中形成并表现出来的一般的、典型的、本质的心理特征称为年龄特征。明确各阶段婴幼儿心理发展的年龄特征，在婴幼儿心理发展研究中具有极为重要的意义。

（二）整体性

从横向上看，在婴幼儿心理发展过程中，各种心理因素之间并不是互相孤立的，一种心理因素的发展必然与其他心理因素的发展之间有着直接或间接的联系，相互促进，也相互制约。如认知心理发展与情感、气质、性格等个性心理发展之间都有着非常密切的联系。

（三）连续性

从纵向上看，婴幼儿的心理发展是一个持续的过程，前后发展之间具有密切的联系，婴幼儿心理每一阶段的发展都为后续的发展准备更充分的条件或基础。反之，如果婴幼儿心理发展过程的某一阶段存在问题或缺陷，必然对后续的相关心理的发展产生不利的影响。例如，从婴幼儿语言的形成和发展过程看，在婴幼儿还不会说话的时期，只有经过周围语言环境对婴幼儿丰富的刺激和影响，婴幼儿语言的出现和发展才会成为可能。

（四）个别差异性

遗传素质、社会生活条件、教育条件、既往的生活经历等差异造成了每个婴幼儿的心理发展存在明显的个别差异性。个别差异性主要表现为在心理发展的速度、内容、水平等方面都有着不同于他人的个别特点。例如，智力发展的个别差异性表现在：发展速度方面，有的早慧，有的晚成；发展内容方面，有的记忆力强，有的注意力集中；发展水平方面，有的聪慧，有的迟钝。

典型案例

不会说话的强强

强强2岁了，是早产儿，家人一直都小心翼翼地照料他，可是他现在还不会说话。奶奶说他属于大器晚成的类型，因为强强的爸爸也是3岁以后才开始说话的,不用担心。强强上了托班以后,老师发现他不和其他小朋友玩,没有语言交流,不能很好地适应集体生活。

分析:强强2岁不会说话属于语言发展水平落后,家人没有带他去做检查。此外,强强不和小朋友交流已经阻碍了他正常的社会交往。虽然我们认为婴幼儿时期个体差异性较大,但是仍建议家人及时带强强到医院相关科室进行全面的儿童发育评估。当孩子发育出现明显延迟时,不能用"大器晚成""爸爸/妈妈小时候也是一样的"等没有科学依据的理由拒绝就医。

(五)不均衡性

婴幼儿期是人一生中心理发展最迅速的时期,但是在整个婴幼儿期中,心理发展不是等速的,在不同的年(月)龄段和心理发展的不同方面均表现出不均衡的特点。从年龄的角度来看,年龄越小的婴幼儿,其心理发展速度越快;从心理结构上看,婴幼儿的感知觉最早出现并迅速达到比较高的水平,而思维要到2岁左右才出现且发展水平不高。

(六)阶段性

婴幼儿心理发展在不同的年龄段之间会出现一些显著的、本质的差异,如婴儿在不会说话阶段和会说话阶段之间,以及婴儿在不能独立行走阶段和能够独立行走阶段之间,具有显著的阶段性特点。再如,婴儿出现直观形象思维后,其思维的发展就表现出了不同于直接行动思维阶段的显著特点——能在头脑中运用形象进行解决问题的思考。

婴幼儿在心理发展过程中表现出的上述趋势和特点对婴幼儿心理发展的研究和学习具有重要的意义。

四、婴幼儿心理发展的年龄特征

(一)出生~1个月

这个时期称为新生儿期。新生儿期的主要特征为:

1. **依靠无条件反射**

新生儿的大脑皮层还未成熟,主要的神经活动为在大脑皮层下部进行的一些先天遗传的无条件反射,如对生存有意义的饮食(吸吮、觅食、吞咽)、防御、朝向反射等。除此之外,还有几种特有的反射,如巴宾斯基反射、抓握反射、惊跳反射、游泳反射、巴布金反射、行走反射、强直性颈反射等。

无条件反射是遗传的,是本能性的,在新生儿出生后的几个月里会逐渐消失。从目前的研究来看,这些无条件反射对人类生活的实际意义不大,但发现它们的消失时间可以作为神经系统是否成熟或有无障碍的一种指标。

婴幼儿的无条件反射是婴幼儿最初学习的基础。无条件反射是一种本能活动,不是心理活动。

> **资料拓展**
>
> **巴布金反射**
>
> 巴布金反射,亦称手掌传导反射,是新生儿反射的一种。按压新生儿一只或两只手掌,新生儿出现转头动作并张开口;手掌上压力放松时,新生儿可能会打哈欠。类似的反应:当婴儿仰卧入睡时,触摸其左耳,其左手会打自己的颈部;触摸其颈部并使头转动时,出现婴儿手的拍打动作;若捏住新生儿的鼻子,其双手将慢慢移向面部。该反射可能与手掌部的神经冲动传导有关。该反射在3岁以后会消失,但智力低下者将持续较长时间,因此在临床上常用作判别儿童智力水平的指标。

2. 条件反射出现和心理发生

条件反射既是生理活动,又是心理活动。条件反射的出现可被看作个体的心理活动产生的象征。

(1) 形成条件反射的基本条件

①大脑皮质处于成熟健全而正常的状态;②具备基础反射;③条件刺激物适当的强度和出现的时间;④条件刺激物和无条件刺激物多次结合。

(2) 条件反射出现的时间与特点

婴儿出生后,开始训练婴儿建立条件反射的时间越早,婴儿条件反射出现的时间也就越早。

3. 认识世界和人际交往的开始

(1) 认识世界的开始

婴幼儿对外界的认知活动,最初突出表现在感觉的发生以及视觉和听觉的集中上。

(2) 人际交往的开端——社会性发展的需要

因人类的社会性驱使,新生儿从一开始就表现出和他人交往的需要。出生后一个月的婴儿会逐渐出现与母亲的眼神交流。与此同时,婴儿的生理需求得到满足，并在看到人脸时会发生愉悦的情绪反应。

> **典型案例**
>
> 当小丽把她 1 个月的宝宝放进摇篮里，准备哄睡的时候，忽然发现宝宝两只圆溜溜的眼睛盯着墙上一直看，小丽顺着宝宝视线看过去，原来是自己和丈夫的结婚照。小丽对此感到疑惑：才 1 个月的宝宝，怎么看得清人的照片呢？孩子刚出生时的视力不是模糊的吗？
>
> **分析**：研究证明，婴幼儿对人面部的兴趣高于其他刺激物。英国心理学家鲁道夫·谢弗认为：婴幼儿偏好人脸，是因为人脸具备对称、三维立体的、可动的等所有视觉刺激物所具有的特征。

(二) 1~6 个月

1~6 个月称为婴儿早期。这一阶段的主要特征为：

1. 视觉和听觉迅速发展

满月后，婴儿会主动寻找视听目标。

4 个月的婴儿逐渐能够分辨不同人的声音。

6 个月之前，由于动作刚刚开始发展，婴儿认识周围事物主要依靠视觉和听觉。

2. 定向反射的强化作用增强

定向反射又称探究反射，是指大脑对一定客观事物反映而产生的与之相应的心理活动，是有机体回答外界刺激物作用的基本反射活动。新生儿时期，条件反射形成时起强化作用的主要是食物反射和防御反射。出生 3 个月左右，婴儿产生第一批定向反射，会注视着照顾他的人并露出喜悦的表情。7 个月左右形成定向反射，开始能够对周围的新鲜事物，如发光的、活动的物体产生定向反应，此后定向反射的强化作用不断增强，并逐步占有更重要的地位。

3. 手眼协调动作开始发生

手眼协调动作指的是手和眼的动作的配合，手的运动能够和眼球运动即视线一致，按照视线去抓握所看见的物体。

4. 开始认生

5~6 个月的婴儿开始认生。这是婴幼儿认识能力发展过程中的重要变化。

> **典型案例**
>
> 晨晨3个多月时,妈妈抱着他站在窗前,想让他看看窗外的景色。窗外鸟语花香,车水马龙,可是不管妈妈怎么努力,晨晨只盯着眼前的窗台,不看窗外。妈妈很是疑惑:晨晨为什么不看窗外呢?
>
> 分析:3个月的婴儿只能注视眼前4~7米处的物体。窗外的事物距离较远,婴儿无法集中注视。

(三) 6~12个月

这个时期称为婴儿晚期。这一阶段的主要特征为:

1. 身体动作迅速发展

婴儿晚期,由于大脑神经元突触迅速增加,婴儿对肌肉的控制和动作的协调能力明显提升。同时,外界刺激的丰富和辅食的添加为婴儿动作发展提供了充足机会和生理基础,形成"运动—发育"的良性循环。在大动作发展上,表现为从能够稳定地独坐、匍匐爬行、手膝爬行、扶物站立、扶走到独立站立,甚至能够独自行走。在精细动作发展上,从"耙抓"过渡到"钳式抓握",手眼协调显著进步。

2. 坐、爬、站、走的发展

从6个月左右开始,婴幼儿学会独立的坐姿;7个月左右时,就能够坐稳。8个月左右,学会主动向前爬。11个月时,多数婴幼儿可以独自站立、弯腰、下蹲,在成人引领下蹒跚学步。1岁以后,婴幼儿就能独立迈步行走了。

3. 手的动作开始形成

(1) 五指开始分工;

(2) 双手配合;

(3) 摆弄物体;

(4) 重复连锁动作。

4. 语言开始萌芽

大约6个月之后,婴儿会发出各种声音,并会用不同的声音与人交流。快满1周岁时会用单词招呼别人,但所掌握的词量非常少。

5. 依恋关系日益发展

婴儿晚期开始进入依恋确立期,与母亲的情感联结更加紧密,在母亲离开时会出现分离焦虑。此外,见到陌生人会紧张恐惧,出现陌生人焦虑。

（四）1～3岁

这个时期称为先学前期。在这个时期，幼儿的各种心理活动逐渐发展齐全，可被视为真正形成人类心理特点的时期。

1. 学会直立行走

1～2岁，头重脚轻，骨骼、肌肉娇嫩，脊柱弯曲尚未形成，下肢与上肢动作不协调，行走不自如。1岁～1岁半，一般可以走路；2岁左右，能够原地跳、跑。

2. 使用工具

1岁以后，幼儿会准确地拿各种东西当工具；1岁半，会根据物体特性选择工具；2岁半左右，能够自如使用工具。

3. 言语和思维的真正发生

2岁左右，幼儿开始喜欢说话并且会经常自言自语，喜欢模仿成人；会利用言语与动作表达思维，且能够根据不同性别与年龄在称呼上进行分类。

4. 出现最初的独立性

2～3岁时，幼儿会出现最初的独立性。独立性的出现是开始产生自我意识的明显标志，也是儿童心理发展过程中极为重要的一步，是人生头三年心理发展成就的集中表现。

> **开放话题**
>
> 有的家长认为孩子的发展都是有规律的，因此自己家的孩子如果某方面发育比别人稍晚一些，就会着急，断定自己的孩子存在生理问题，需要赶紧看医生。反之，有的家长则认为孩子的发展存在个体差异性，即使发育比别人慢了很多，也不用放在心上。
>
> 对于这两种观点，你有什么看法？

第二节 婴幼儿心理发展与照护概述

一、婴幼儿心理发展与照护的内涵

婴幼儿心理发展与照护的内容涵盖教养人对婴幼儿的身体生长和心理发展等方面的尊重、养护、照料及引导等任务。0～3岁婴幼儿心理发展与照护指的是以0~3岁婴幼儿的身心发展规律为依据，以婴幼儿健康成长为目标，通过以生活活动为主的各种活动，促进婴幼儿身心全面发展的照护过程。

婴幼儿心理发展与照护有其不同于其他任何年龄段教育的自身规律，而这种规律的核心和基础便是0~3岁婴幼儿的生长发育与心理发展特点及他们依赖教养人尊重、呵护的需要。婴幼儿心理发展与照护要围绕着婴幼儿心理发展的实际需求来实施。

二、婴幼儿心理发展与照护的内容

0~3岁婴幼儿心理发展与照护的内容应全面且具有启蒙性。它包含动作、认知、语言、社会性发展等照护内容。各领域发展的照护内容应相互渗透，从不同的角度促进婴幼儿的情感、态度、能力、知识等全面发展。

（一）发育与动作

0~3岁是婴幼儿身体发育和技能发展极为迅速且极为重要的时期，也被视为个体形成安全感的重要阶段。良好的发育状态、具有协调性的动作和良好的生活习惯是0~3岁婴幼儿身心健康发展的重要标志，也是其他心理发展的基础与前提。

第一，要重视婴幼儿健康良好体态的养成。健康良好的体态主要指婴幼儿身高、体重的增长指标。0~3岁的婴幼儿生长发育特别快，教养人每个月都要给孩子量身高、称体重以及测量头围和胸围。

第二，教养人应依据婴幼儿动作发展的规律和特点，通过科学合理的活动指导、协助婴幼儿提高行动能力以及运用身体各部位完成一系列动作的能力。

第三，教养人应引导0~3岁的婴幼儿养成健康良好的生活习惯，主要包括以下几点：①建立早期"营养意识"和良好的习惯，协助婴幼儿在恰当的时间，用恰当的方法，愉快地、礼貌地进食种类和数量适宜的食物，逐步培养婴幼儿正确使用餐具、独立吃饭的能力。②在日常的生活活动（如盥洗、如厕、穿衣等）中，培养婴幼儿讲卫生的良好习惯。③协助婴幼儿挖掘自己的运动潜力，找到自己的运动偏好，并逐渐养成良好的运动习惯。④帮助婴幼儿养成良好的作息习惯，提高睡眠质量。

（二）感官与认知

刚出生的婴儿什么都不会吗？显然，答案是否定的。刚出生不久的新生儿就会用嘴吸吮，会用眼睛看东西，会用鼻子闻气味。0~3岁婴幼儿认知领域的照护就是要重视和保护婴幼儿的好奇心和求知欲，并以多种活动促进其感知觉、认知与思维能力的发展。

第一，教养人应不断丰富婴幼儿的视觉、听觉体验，促进他们视觉、听觉系统的发展；给婴幼儿提供接触多种材料、玩教具的机会，丰富他们的触觉体验；给婴幼儿提供深度知觉的体验，促进他们视觉系统的发展；提供提升平衡感等感觉统合能力的好机会，不断增强他们对身体和空间的认知能力。

第二，要引导婴幼儿对周围的事物、时间和空间等现象产生兴趣，并初步学会用简单的方法解决生活和游戏中的问题。①婴幼儿可以通过观察、预测和推理等心理活动发现和探索事物间的因果关系。如婴幼儿看到家长按墙上的一个按钮，然后天花板上的灯就亮了。屡次观察到家长的这种行为后，婴幼儿就会模仿去按动按钮，打开和关闭灯。正是通过这种观察和模仿，婴幼儿明白了按钮和灯光之间的因果关系。②引导婴幼儿根据事物的特征进行比较、配对和分类。

第三，要激发婴幼儿的好奇心和探索欲。教养人不是去教婴幼儿具体的概念，而是要唤醒他们的好奇心，引导他们观察周围事物，激发他们探索世界如何运作的欲望。

资料拓展

感知觉能力发展的早期研究

早期哲学家，比如约翰·洛克，认为新生儿的大脑是一块白板。根据这个观点，婴儿必须通过反复尝试去学习，通过调动感官，形成有意义的感知。

心理学创始人之一威廉·詹姆斯则认为，婴儿的大脑曾经历过模糊的、嗡嗡作响的混乱状态。

婴儿生命的初始真的那么无助吗？显然不是。新生儿天生就有一些感官能力。随着时代的发展，出现了可靠的研究方法来了解婴幼儿感知能力方面的大量信息。这些研究表明，婴幼儿的认知完全不是"模糊的、嗡嗡作响的混乱状态"，他们有很强的能力来组织和使用感官获取的信息，从而使这些信息变得有意义。

20世纪50年代，罗伯特·范茨等科学家用注视箱来研究婴儿的感知觉能力。研究者们运用范茨的视觉偏好方法和其他类似的方法开展研究，最终发现了新生儿的几种视觉偏好：移动的物体、轮廓或边缘、鲜明的色彩对比、复杂和有细节的图案、对称图案、曲线图案、与人脸相似的图案等。

开放话题

在一些国家，如俄罗斯、丹麦、芬兰、日本，教师及家长都会对婴幼儿开展耐寒训练,如让宝宝在寒风中睡觉,或者带着孩子在冬天洗冷水澡等。但是在我国,教师和家长总是害怕孩子受冷着凉,有的幼儿园甚至会在冬天减少户外活动。

你认为哪一种做法正确呢?请同学们针对这个现象展开讨论。

(三)语言与交流

婴幼儿语言的发展需要听觉、发音器官和大脑三者功能正常。在此基础上,语言发展包括社交语言、发音吐字、理解表达等能力的发展。很多研究用"儿童语言发展的金字塔"来描述个体的语言发展能力。这个"金字塔"从下往上包括社交语言、发音吐字、理解能力和表达能力四个层面。其中,每一层面都是以其下层的语言发展能力为基础的。

第一,要及时回应孩子的表达意愿。当孩子表现出强烈的交流意愿时,我们一定要回应孩子的沟通愿望,这种沟通方式对婴幼儿的感知自我能力、建立良好的人际关系和开发智力都是非常重要的。

第二,要通过合理的方式保护孩子的表达意愿。根据婴幼儿脑发展的规律,我们应让孩子体会到被尊重,让孩子有安全感。我们应给予孩子合理的非语言反馈,如眼神柔和、表情放松、嘴角上扬保持微笑,这些都能让孩子感到安全和平等;相反,面露凶色、眉头紧皱、嘴角下垂会让孩子感到威胁,进而自动触发他们与生俱来的下丘脑应激机制,让他们通过更大声的哭闹、发脾气等方式来保护自己。事实上,这些非语言的反馈也是在教孩子学习社交语言。

典型案例

"贵人语迟"有科学依据吗?

中国有句俗话"贵人语迟",意思是说有地位、有修养的人说话往往缓慢、谨慎,不轻易发言。后来有人把这句话用在儿童的语言发展迟缓现象上,具有安慰父母之意。那么,"贵人语迟"这一说法是否科学?从婴幼儿语言发展的规律上又如何解释呢?

事实上,个体的语言发展具有差异性,有的孩子说话早,有的孩子则说话较晚,均属正常现象。但是如果1岁半不会叫"爸爸""妈妈",过了3岁还说不出一句半句来,那就不是"贵人语迟",而是语言发展迟缓了。语言发展迟缓指的是各种原因导致的儿童语言表达能力或语言理解能力明显滞后于同龄儿童的正常发展水平。

（四）情感与社会性

0~3 岁婴幼儿社会性的发展主要体现为情绪情感和社会交往能力的发展。积极的情绪情感和适宜的社会交往能力是婴幼儿社会性不断完善的表现，奠定了其健全人格的基础，对婴幼儿身心健康和其他方面的发展具有重要影响。

第一，要培养婴幼儿积极的情绪情感。脑科学研究表明，0~3 岁婴幼儿情绪情感的发展受到先天的脑功能的影响。婴儿刚出生时就具有下丘脑的"情绪应激机制"，当他们的需求得不到满足时，便会通过大哭大闹等方式来回应外界；当他们在探索过程中遇到挫折时，他们不会用语言表达，于是就通过肢体动作或者哭声来传递自己的情绪感受；当然，婴幼儿愉悦时也会让成人一目了然地看到。

为此，教养人应在尊重婴幼儿大脑发展规律的基础上，一方面用恰当的方式表达情绪，为婴幼儿做出榜样示范；另一方面，应为婴幼儿营造温馨的人文环境，使他们充分体验到亲情与关怀，体验积极的情绪和情感，并且引导婴幼儿学会正确表达和调整自己的情绪。艺术是情绪情感表达和发展的重要途径之一，因此教养人可以鼓励和引导婴幼儿多参与音乐和美工等艺术活动。此外，对于不同年龄的婴幼儿应使用不同的引导方式。如 2 岁左右的婴幼儿，当他们出现不良行为和习惯时，教养人要温和而坚定地说"不"，而不是对其大喊大叫。

第二，要促进婴幼儿良好的社会交往。下面案例表明，不同月龄的婴幼儿在社交发展方面表现不同。

典型案例

孩子的社会性差，这正常吗？

小区里几个孩子的家长在交流——

乐乐姥姥："你看人家灿灿（2 岁 10 个月），看见孩子们扎堆，就跑进去一起玩，就喜欢跟小伙伴玩，长大了肯定人际关系会搞得不错。乐乐这方面就欠缺。"

威威家长说："唉，是啊，我家威威（10 个月）就不行。费好大劲儿送她上早教班，她根本不愿意和其他孩子玩！"

凯凯妈妈说："嗯嗯，凯凯都 1 岁 2 个月了，好像也对其他孩子一点儿都不感兴趣，是不是有点儿不正常啊？"

一般来讲，婴幼儿自发的社会交往是从1岁开始的，1岁之前是在为1岁以后的社交发展奠定基础。1岁后的孩子开始有强烈的交流意愿，并逐步扩张自己的社交圈子。

因此，教养人要做到：对于1岁前的孩子，成人不应给孩子太多的交往压力，不应强迫孩子和其他人一起玩或去分享自己喜欢的物品等。对于1岁后的孩子，要尊重孩子的主权，不强迫他们分享，引导他们充分体验"我的"概念，随着孩子开始明白"我的"，引导他们认识哪些是"其他人的"；此时应引导孩子积极参加集体活动，体验与小伙伴共同生活和游戏的乐趣，学习初步的人际交往技能；为孩子提供表现自己和获得成功的机会，帮助他们增强自尊心和自信心；提供自由活动和自由游戏的机会，鼓励他们通过努力自主解决问题，培养不轻易放弃、勇于克服困难的品质。

三、婴幼儿心理发展与照护的原则

在实施婴幼儿心理发展与照护时应遵守以下几点原则。

（一）遵循婴幼儿心理发展规律

婴幼儿心理发展的核心能力包含婴儿期表现出的动作、认知、语言、社会性发展的各项重要心理活动和过程。这些核心能力可以作为教养人了解儿童发展、为儿童安排活动及与家长讨论儿童发展的参考指标。教养人在照护过程中应掌握成熟、环境与发展的关系。

首先是成熟。婴幼儿的发展是按照基因规定的顺序有规则、有次序地进行的。婴幼儿什么时候能够俯仰爬坐和站立行走，是预置在个体生理过程中的程序展现，这就是孩子只有在神经系统、肌肉和关节发展成熟之后才会迈步行走，只有在括约肌、膀胱和肠子的神经发展联结完成后才会控制排便，不在夜间尿床的原因。在心理的某些方面，诸如原始情绪、感觉能力和部分知觉的暴露，也表现出生物成熟的特征。即使那些看来主要是通过经验和学习获得的心理特征，也离不开相应生理机制的成熟，而是以神经系统发展和完善的过程为基础。所以，每个婴儿都是带着先天的成熟时间表降生的，人生的头3年须按照成熟规律所决定的时间表来展开生命初期的发展历程。当我们知道了婴幼儿的早期发展依赖神经系统和身体各个部分的成熟度，我们就能够理解并尊重孩子与生俱来的成熟时间表，才能有效促进其发展。成熟是照护推动发展的基本条件。

其次是环境。关于环境的作用，蒙台梭利说："儿童只有在一个与他的年龄相适应的环境中，他的心理生活才会自然地发展，并展现他内心的秘密。"由于成熟对发展的影响是在一定的环境作用下显现的，成熟的速度多少也会受到环境的影响，所以，婴幼儿所处的环境反过来又影响着婴幼儿的成熟。由于婴幼儿自身无法有意地去创设适合自己成长的环境，所以，成人创设保教环境的能力就显得至关重要。环境对成熟的影响要求成人以极强的发展意识、高度的敏感性去把握成熟的顺序，关注婴幼儿的成熟时间，为其发展做出及时而有效的环境应答。

发展、成熟、环境三者之间错综复杂的关系，是婴幼儿教养人在进行照护时首先要考虑的因素。

（二）融于日常生活

陶行知先生说，生活即教育，即从孩子熟悉的生活中去发现、去学习、去挖掘教育的价值。杜威也认为，游戏是孩子生活的一部分，生活就是游戏，游戏就是生活。生命初始阶段的生长发育规律决定了"以养为主，教养融合"的婴幼儿照护的特征。"养"体现为日常的生活照料，"教"则体现在婴幼儿成长阶段的自发学习中。其实，对婴幼儿生活照料的任何一个环节都蕴含着动作、认知、语言、社会性发展等方面的照护契机。因此，日常生活应该是婴幼儿照护的主要途径。

典型案例

晚霞的秘密

晚饭后，胡老师一家在小区附近的公园溜达，遇到一对母女。小女孩（2岁）在前面走着，问妈妈："妈妈，天空为什么是红色的？"小女孩的妈妈在后面低头玩着手机，并没有理会小女孩。这时，胡老师走上前问道："你觉得它为什么变成红色？""你还想让它变成什么颜色？""你之前还见过什么颜色的天空？"……几轮交谈后，小女孩的妈妈收起了手机，一起加入了交流。

分析：此案例中的妈妈外出时应注意保护孩子的安全。同时，了解周边自然环境对促进婴幼儿认知发展、培养婴幼儿良好生活习惯有重要作用，照护人员和家长应保护婴幼儿的好奇心，善于抓住生活契机进行随机照护，与婴幼儿一起探索世界。

（三）尊重个体差异

每个婴幼儿的发展都各有不同特点。因此，关注个体，遵循婴幼儿身心发展的科学规律，发现和挖掘每个孩子的优势和潜能，需要因人而异、因势利导，才能使每个孩子在自己的水平上得到应有的发展。

尊重个体差异，意味着接纳每个孩子的成长节奏，跟随每个孩子的兴趣点陪伴孩子成长。在0~3岁婴幼儿教养过程中，教师或家庭教养人应关注每个孩子的内在需求，尽可能满足孩子当下的"欲望"，及时发现其兴趣和适合的玩乐方式，激发孩子的各项潜能的发展，促进孩子的整体发展。

> **开放话题**
>
> 齐齐是一个胆子非常小的孩子，从不主动和人交流，别人问他问题，他也只是非常小声地回答。他害怕训斥，害怕失败，不爱与同伴交往。老师和同伴邀请他，他也总是不愿意加入。
>
> A观点认为齐齐是受到自身性格影响。B观点认为是受到家庭环境的影响。C观点认为可能教师或小伙伴的邀请方式不正确。你赞同哪种观点？如果是你，会如何帮助齐齐？

四、婴幼儿心理发展与照护的意义

（一）0~3岁婴幼儿被呵护、关注的需要

3岁是传统早期教育开始的年龄，也被儿童发展专家和教育家视为早期教育的关键起点，但近期的研究，尤其是神经科学的研究表明，3岁后才关注教育为时已晚。神经心理学家的研究成果证实，婴儿的大脑已经做好了认识世界的准备，新生命从产生的那一刻起就已经是有能力的学习者了。

先天大脑机制与后天养育环境发生相互作用的结果将决定一个人最终的发展程度。随着婴幼儿心理发展领域的研究迅速发展，认为0~3岁婴幼儿是一个无知无能的依赖者的观点已被修正。事实上，在人生的早期阶段，相应的生理机制做好了最佳发展的准备，如果有适宜的养育环境相配合，会最大限度地促进婴幼儿的发展。对大脑发育加速期、敏感期出现的身心问题的忽略，教养不当造成的对神经系统发育的延缓和损害，都会对婴幼儿终身的发展造成不可挽回的影响。心理学家古德明和杰克逊指出，3岁以下的人并不是简单的或步履蹒跚的婴幼儿，他们应该拥有尊严并受到尊重。从这个意义上说，3岁才开始教育真的已经太晚。

（二）家长对科学育儿指导的需求

新生儿的出生意味着一个新生命的到来，与此同时，意味着迎接第一个孩

子的父母的诞生。任何工作都有职前培训、岗位培训，而父母这个重要的工作却缺人指导。事实上，在养育婴幼儿的过程中，随着婴幼儿的成长，父母面临着无数的挑战。首先，父母育儿阶段的心理变化所带来的各种照护焦虑需专业人士去帮助，而社会为父母提供的专业指导明显不够。其次，家庭结构、生活方式的巨变，迫使父母重新思考传统育儿理念和方式的适宜性，思考传统的解决方案如何适应新的形势。再次，资讯的传播和照护方式变得非常灵活、多样，市场上为家长提供的照护资源多如牛毛，婴幼儿受照护的地点和成人实施照护的手段不像以前那么简单与固定了……照护信息与手段的变化，一方面导致家长对托育机构的依赖感和信任感减弱，另一方面，过多的甚至矛盾的信息使家长无所适从。

对0~3岁婴幼儿家庭而言，如果没有相应的托育机构和专业教师去帮助他们，育儿的困惑和照护的焦虑将持续存在。家长缺乏专业的育儿知识及经验，因此会有许多育儿方法的误区。提供科学的育儿指导去帮助困惑中的家长，成为社会的一种迫切需求。

开放话题

近年来，家庭教育指导师（或称为儿童陪伴师、住家保姆等）职业兴起。你是如何看待这种职业的？在此态度下，我们又该如何规范婴幼儿照护的市场生态，推动发展高质量的托育服务呢？

资料拓展

人类学家克里斯滕·霍克斯提出了"祖母假说"。该假说认为：在不断进化过程中，成年人类的寿命之所以比成年类人猿的寿命更长，原因在于祖母帮助喂养孙辈促进了基因的优化。

生物学家和灵长类动物学者萨拉·赫尔迪提到，人类在进化过程中有向"合作养育"转变的趋势。从家庭内部来看，由于家庭结构变化，婴幼儿父母职场、生活压力大等原因，代际协同教养模式逐渐普遍。从社会整体来看，努力构建"家庭为主，托育补充"的婴幼儿生态式共育已成为社会共识。在此趋势下，托育机构可开展托育调研、家庭养育评估，提供信息化服务等，了解家庭养育状况及托育需求；可利用社区安保资源、周边医疗融合资源、户外场地等与社区联动，提升照护服务水平。

（三）国内外社会的共同行动，促使教育部门直面早期教育

0～3岁婴幼儿的启蒙教育源自发达国家。由美国政府资助的开端计划已将0～3岁的婴幼儿列入服务对象。它是针对低收入家庭婴幼儿和孕妇的一项社区计划，以1981年密苏里州教育部门创办的"父母作为老师"项目最为著名。英国政府1998年启动确保开端计划，建立了优质的早期教育资源中心和教育行政区。日本20世纪60年代开始实施婴儿计划，制订了以"发展学前儿童心理为保教重点"的乳婴教育计划方案，提出了准确的、切实可行的培养目标和指导重点。以上各国的实践表明，婴幼儿的早期教育已引起各国政府和社会的重视，它已经成为促进社会进步的重要内容，并被各国视为人才培养的奠基工程。

20世纪80年代，国外的婴幼儿教育方案开始传入我国，国内相关的政策法规也相继出台，如《中国儿童发展纲要（2011—2020年）》《国家中长期教育改革和发展规划纲要（2010—2020年）》等文件中都将0～3岁婴幼儿早期教育列在优先位置。《国家教育事业发展第十二个五年规划》提出："加强对学前教育机构、早期教育指导机构的监管和教育教学的指导。……依托幼儿园，利用多种渠道，积极开展公益性0～3岁婴幼儿早期教育指导服务。"国家层面的政策出台意味着我国已经正式将0～3岁婴幼儿早期教育列入了中长期教育改革和发展规划中。

除了配套的国家政策与法规外，教育理论与实践研究的成果从另一个层面支持了我国婴幼儿保育与教育的实施。自20世纪90年代以来，我国儿童与教育专家庞丽娟、孟昭兰等在婴幼儿发展方面的专著重点介绍了当前婴幼儿心理研究的成果。徐云、戴淑凤等人设计了以感觉发展为线索的针对婴幼儿的训练。楼必生《科学教育：先学前期儿童潜能开发——0～3岁儿童潜能开发的理论与实践》论述了婴幼儿发展的重要性及婴幼儿智力开发的实践，为婴幼儿照护提供了一些较有理论价值的依据。北京、武汉、天津、广州、上海等地先后进行了0～3岁婴幼儿相关的实践研究，如北京的"2049计划"、武汉的"0岁方案"、天津的"婴儿教养研究"、广州的"百婴潜能开发计划"、上海的"0～3岁婴幼儿早期关心与发展研究"项目等。

由此可见，尽快开展婴幼儿发展照护工作、尽快培训一批专业教师、尽快规范专门的早期教育指导机构，对促进婴幼儿发展、解决家长育儿困惑、让我国早期教育迅速追上发达国家，是非常必要的。

第一章　绪　论

资料拓展

国家卫生健康委2019年印发的《托育机构设置标准（试行）》第四章规定："保育人员应当具有婴幼儿照护经验或相关专业背景，受过婴幼儿保育相关培训和心理健康知识培训。保健人员应当经过妇幼保健机构组织的卫生保健专业知识培训合格。"同时，我国部分学者将研究焦点聚集于早教人员的师资标准。其中，有学者在重庆和四川地区开展调查，经研究发现早教人员总体表现水平从高到低依次为师德、育人、发展、教学，同时指出早教人员的性别、教龄、学历、专业背景、职务、任职资格是影响0～3岁早教人员工作特征的重要因素。基于此，提出制定早教人员上岗标准、提高早教人员的社会地位、提高早教人员的育人水平、发挥高校育人功能等建议。

典型案例

静静已经16个月了。她处于模仿敏感期，非常喜欢进行语言与动作模仿。有一次，她与小伙伴们在楼下一起玩耍时，盼盼忽然一脸坏笑地说："臭屁屁。"其他小朋友也跟着捂着嘴笑起来。随后，"××屁屁"这个词便流行起来，萌萌捡到树叶说"这是树叶屁屁"，丁丁看到小猫便说"小猫屁屁"，辉辉指着他的糖块说"糖糖屁屁"。静静将这些都看在眼里。一回到家，她叫道："妈妈屁屁。"妈妈听到后就生气地说："怎么刚一岁多就说脏话了呢？"于是静静不理解了，明明小伙伴们听见都很开心，为什么妈妈听到会生气呢？

开放话题

关于婴幼儿的心理发展理论，本章介绍了不同教育家的观点。你有什么看法？

本章小结

本章主要学习了婴幼儿心理发展的内涵、趋势、一般特征、年龄特征和照护的内涵、内容、原则和意义。

婴幼儿心理发展是指0～3岁期间，婴幼儿在生理发育的基础上，尤其是在脑发育的基础之上，心理从低级到高级、从简单到复杂的变化发展过程。这一发展过程是有规律的量变和质变的过程。

巩固练习

一、选择题

1. 新生儿期年龄范围一般为（　　）。
   A. 0～1个月　　　　　　　　B. 3～6个月
   C. 6～12个月　　　　　　　D. 12～18个月
2. 婴幼儿大动作发展的顺序是（　　）。
   A. 钻、掷、爬、跳　　　　　B. 坐、走、跳、爬
   C. 爬、掷、钻、走　　　　　D. 坐、爬、站、走
3. 当婴幼儿出现情绪不稳定时，照护者可以采取的措施有（　　）。
   A. 排查需求的同时轻抚后背　　B. 强行按住四肢
   C. 冰敷面部　　　　　　　　D. 立即给零食
4. 2岁半的豆豆还不会自己吃饭，可偏要自己吃；不会穿衣服，偏要自己穿。这反映了幼儿（　　）。
   A. 情绪的发展　　　　　　　B. 动作的发展
   C. 自我意识的发展　　　　　D. 认知的发展
5. 我国哪项政策提出"积极开展公益性0—3岁婴幼儿早期教育指导服务"？（　　）
   A.《中国儿童发展纲要（2011—2020年）》
   B.《国家中长期教育改革和发展规划纲要（2010—2020年）》
   C.《国家教育事业发展第十二个五年规划》
   D.《托育机构保育指导大纲（试行）》
6. 婴幼儿心理发展的核心能力表现不包括（　　）。
   A. 艺术创作　　B. 认知发展　　C. 动作发展　　D. 语言发展
7. 新生儿的心理，可以说一周一个样；满月以后，是一月一个样；可是周岁以后发展速度就缓慢下来；两三岁以后的儿童，相隔一周，前后变化就不那么明显了。以上现象表明婴幼儿心理发展进程的一个基本特点为（　　）。
   A. 发展的连续性　　　　　　B. 发展的整体性
   C. 发展的不均衡性　　　　　D. 发展的高速度

二、简答题

1. 婴幼儿的心理发展有哪些特征？
2. 婴幼儿心理发展的照护包括哪些内容？

第二章

婴幼儿心理发展的生理基础

学习目标

知识目标：

1. 掌握婴幼儿生理解剖及生理发育特点；
2. 理解婴幼儿生长发育的规律和影响因素。

技能目标：

应用婴幼儿生理解剖及生理发育特点，掌握对应婴幼儿照护的技能。

素养目标：

培养良好的知识建构能力，具有良好的观察能力和分析能力。

知识图谱

- 婴幼儿心理发展的生理基础
  - 婴幼儿生理解剖及生理发育特点
    - 人体的主要系统和感觉器官
    - 婴幼儿主要系统和感觉器官的生理解剖及生理发育特点
  - 婴幼儿生长发育规律和影响因素
    - 婴幼儿生长发育的规律
    - 婴幼儿生长发育的影响因素
  - 婴幼儿日常生活照护实务
    - 营养与科学喂养
    - 睡眠
    - 生活与卫生习惯
    - 生长发育监测

情景与问题

在发展心理学中，始终存在着关于遗传与后天环境在心理发展中作用的争论，通常称之为"遗传与环境之争"。相关的理论有遗传决定论、环境决定论、二因素论、交互作用论等。遗传决定论强调遗传对心理发展起决定作用；环境决定论认为环境发展对心理发展起决定作用；二因素论认为遗传与环境在心理发展中都是不可或缺的；交互作用论认为遗传与环境两者相互作用，密不可分。

问题引导：

1. 你赞成以上哪种观点？为什么？
2. 你认为除了遗传和环境，还有哪些因素会影响婴幼儿的生长发育？

第一节　婴幼儿生理解剖及生理发育特点

一、人体的主要系统和感觉器官

(一) 神经系统

神经系统是人体生命活动的主要调节机构。在神经系统的统一调节与支配下，机体的各器官、各系统协调地进行不同的生理活动，从而完成各种生命活动。神经系统分为中枢神经系统和周围神经系统（见图 2-1）。

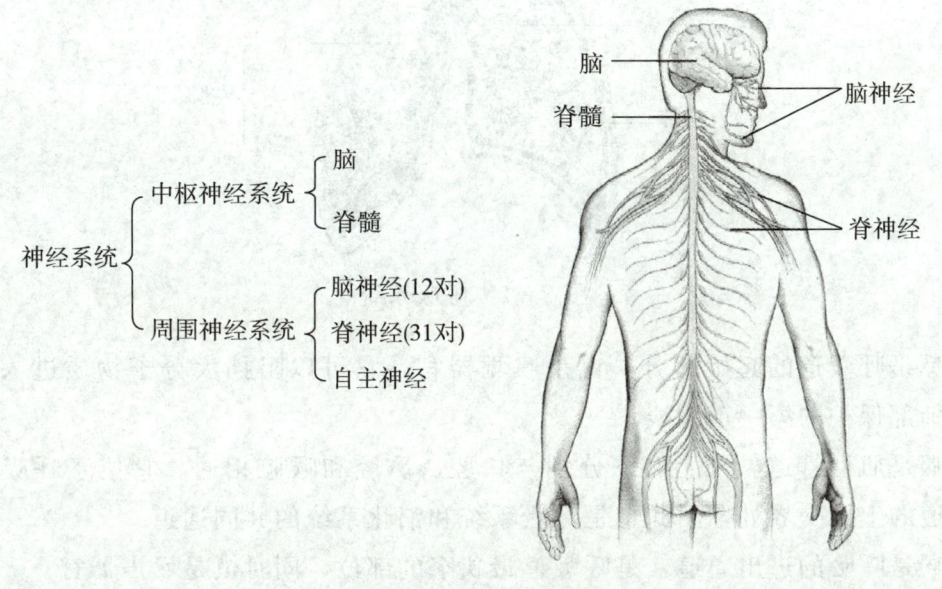

图 2-1　神经系统

中枢神经系统包括脑和脊髓。脑包括大脑、小脑和脑干等部分，其中大脑是人体的"司令部"，因为它是最高级的中枢部分。脊髓具有传导和反射的功能，是中枢神经系统里面比较低级的部分。

周围神经系统包括脑神经、脊神经和自主神经。脑神经共 12 对，支配头部、面部各器官运动，产生视觉、听觉、嗅觉等。脊神经共 31 对，主要支配躯干和四肢的运动和感受刺激。自主神经是由脑和脊髓发出，支配内脏器官和腺体活动的神经。

(二) 呼吸系统

呼吸系统由呼吸道（鼻、咽、喉、气管、支气管等）和肺组成（见图2-2）。我们通常将呼吸道分为上、下呼吸道两个部分，上呼吸道包括鼻、咽、喉，下呼吸道包括气管、支气管及以下分支。呼吸系统的主要功能是进行气体交换，即吸入氧，呼出二氧化碳。

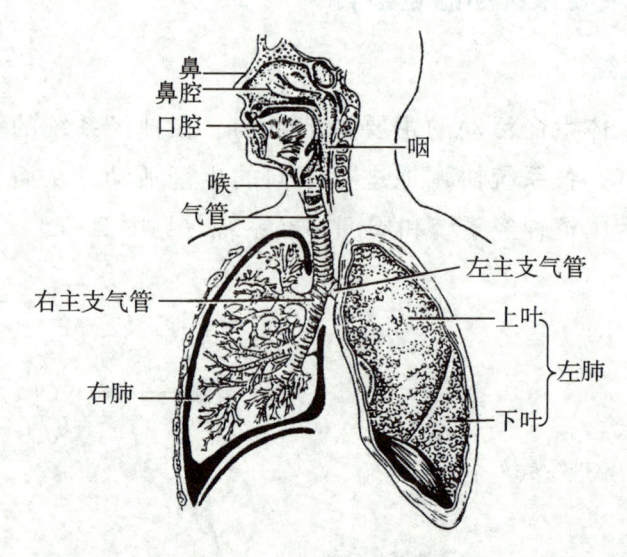

图2-2 呼吸系统

鼻是呼吸道的起始部分，也是嗅觉器官。它可以阻挡大分子物质进入，因此是肺部保护的第一道防线。

咽是肌性管道，自上而下分别与口腔、鼻腔和喉腔相通。它位于呼吸道和消化道的上段交界处，因此也是呼吸系统和消化系统的共同通道。

喉是呼吸的进出通道，是呼吸道最狭窄的部位，同时也是发声器官。

气管和支气管黏膜的上皮细胞具有纤毛，灰尘、微生物被黏液粘裹，经纤毛的运动，被扫到咽部，吐出来就是痰。痰是呼吸道的垃圾。

肺位于胸腔内，左右各一，由细支气管、肺泡、肺间质构成，是氧与二氧化碳交换的重要部位。

胸腔有节律地扩大与缩小称为呼吸运动。呼吸的深浅和快慢可以自主调节。

(三) 消化系统

消化系统由消化道和消化腺两部分组成（见图2-3）。消化道包括口腔、咽、食管、胃、小肠、大肠等。消化腺主要有唾液腺、胃腺、肠腺、肝脏和胰腺等。

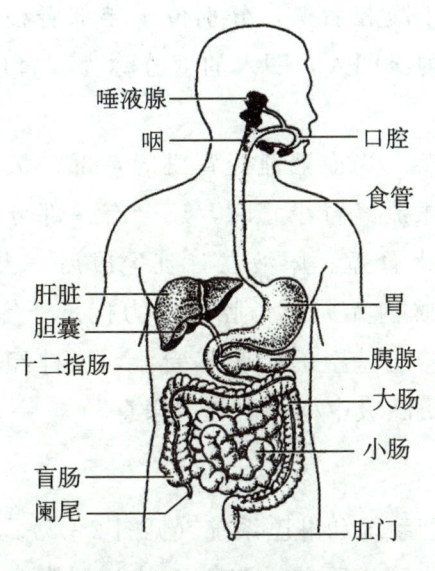

图 2-3 消化系统

食物经过牙齿的咀嚼和胃肠的蠕动被磨碎搅拌并与消化液混合，称为物理性消化作用。通过消化液中消化酶的作用，食物被分解成可吸收的物质，称为化学性消化作用。食物在消化道内受到物理性和化学性的消化作用，营养物质被吸收入血液，剩下的残渣成为粪便排出体外。

(四) 泌尿系统

泌尿系统包括肾脏（泌尿）、输尿管（输尿）、膀胱（贮尿）、尿道（排尿）四部分（见图 2-4）。

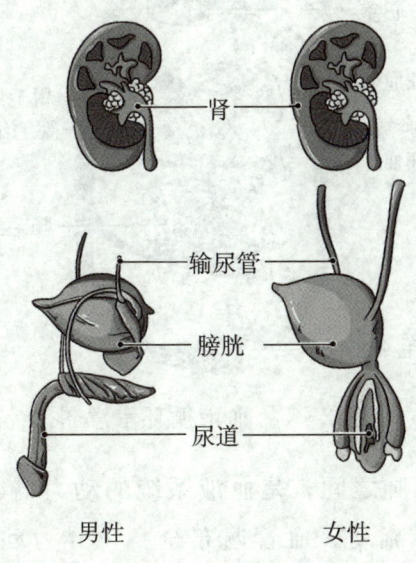

图 2-4 泌尿系统

人体有两个肾，位于腹腔后壁，分别位于腰部脊柱的左、右两侧。肾的外形似蚕豆，外缘凸出，内缘凹入，凹入的部分称为"肾门"。肾的血管、神经和输尿管经肾门出入肾。

尿液的生成比较复杂。当血液流经肾脏时，部分大分子物质被吸收，其余物质被过滤成原尿，原尿流经肾小管时，还会有一部分有用物质被重新吸收回到血液系统，剩下的进入肾盂。尿液在肾脏生成后，再经输尿管输送到膀胱。膀胱有储尿的作用。膀胱内无尿时，腔内压力接近于零。随着尿量逐渐增加，膀胱内压力上升，刺激膀胱壁上的牵张感受器，经神经传到脊髓排尿中枢，神经冲动向上传到大脑皮质高级中枢，引起"尿意"。

(五) 循环系统

循环系统包括心血管系统和淋巴系统（见图 2-5）。心血管系统是一个遍布全身的、密闭的、连续的管道系统，包括心脏、血管。淋巴系统由淋巴管、淋巴结、淋巴组织组成，主要功能是制造淋巴细胞并运输至静脉。

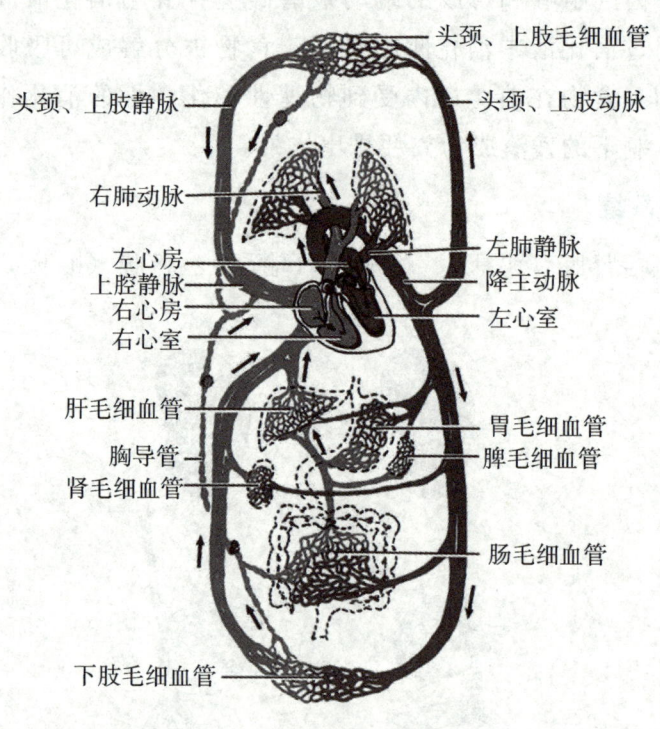

图 2-5 血液循环示意图

心脏位于胸腔内、两肺之间，是血液系统的动力器官，通过有节律的收缩、舒张，使血液在全身循环流动。血管遍布全身，分为动脉、静脉、毛细血管三种，动脉是血液从心脏流向全身器官所经过的管道，而静脉则是身体各器官流回心脏的血液经过的管道，毛细血管是两者的连接管道。血液是存在于心脏和血管里的液体，由血浆和各种血细胞组成。血液在心血管系统中流动，运送氧和营养物质到身体各处，同时运走身体代谢所产生的废物。

淋巴管是静脉的辅助管道。淋巴结具有参与机体免疫，吞噬细菌的功能。淋巴组织对机体有保护作用，是含有大量淋巴细胞的网状组织。

（六）内分泌系统

内分泌系统是神经系统之外，人体内另一重要的调节系统，由一系列内分泌腺和内分泌组织组成（见图2-6）。内分泌腺分泌激素，激素直接释放到血液中，经过血液运输到器官、组织，从而对人体生长、性成熟、物质代谢起调节作用。人体有垂体、甲状腺、甲状旁腺、肾上腺、胸腺、胰岛和性腺等内分泌腺。

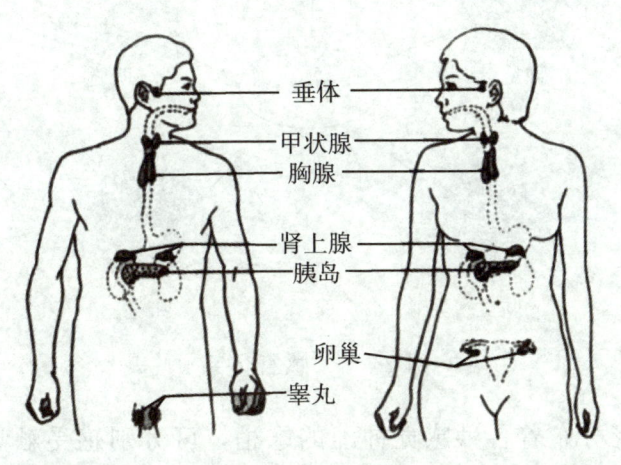

图2-6 内分泌系统

（七）运动系统

运动系统由骨、骨连接和骨骼肌三部分组成。骨和骨连接构成人体支架，称为骨骼。骨骼和肌肉构成人体基本轮廓，具有支撑身体、保护内脏的功能。骨骼和肌肉在神经系统的调节下，完成各种各样的动作（见图2-7）。

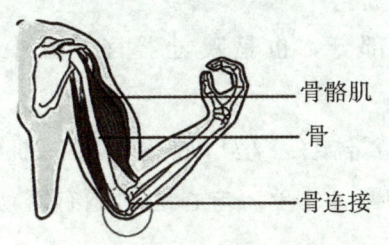

图2-7 运动系统

人体共有206块骨头，分躯干骨、颅骨和四肢骨三部分，身体各部分骨骼的形态、功能、大小不一。骨连接是骨与骨之间借助结缔组织、软骨或者关节连接在一起，分直接连接与间接连接，其中需要借助关节连接的就属于后者。人体肌肉共有600余块，骨骼肌就是其中一种。在神经系统的支配下，骨骼肌通过收缩或舒张牵引骨产生运动。

（八）感觉器官

人的感觉器官包括皮肤、眼、耳、鼻、舌，主要功能是感知外界各种信息，并将其转化为神经冲动传到脑（见图2-8）。

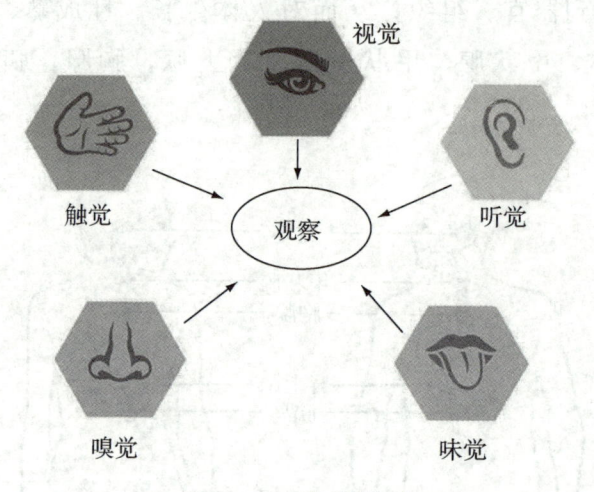

图2-8 感官体系

在皮肤里广泛分布着各种感觉神经的末梢，可分别感受触觉、压觉、痛觉、温觉、冷觉等，所以皮肤是感觉器官。

眼睛是由眼球和一些附属部分组成的。眼球可分为眼球壁和内容物两部分。眼的附属部分包含眼睑、结膜、泪器、眼外肌和眼眶。

耳可分为外耳、中耳、内耳三部分。外耳包括耳廓及外耳道。中耳是一个比较封闭的空间，包括鼓膜和听小骨等。内耳包括耳蜗和前庭器官，可以感受声音，保持平衡。

鼻是呼吸通道的起始部分，也是嗅觉器官，由外鼻、鼻腔及鼻旁窦三部分组成。

舌是进食和言语的重要器官，是口腔内活动的肌性器官，对味儿有特别的感觉。舌有助于咀嚼、吞咽、发音，与心的功能有密切关系。

> 典型案例

认识五官

【游戏目的】

1. 了解五官有什么，它们的作用分别是什么；
2. 能听懂教师的口令，做出相应的动作；
3. 初步了解五官的重要性，明白如何保护五官。

【游戏准备】

相同的2幅人物头像，五官的图片各1幅。

【游戏过程】

1. 启发谈话，引出五官

教师：小朋友们好！今天，老师和大家一起来认识我们的头部。请小朋友们看一看老师，看一看旁边的小伙伴，想一想：我们头部有什么相同的地方？

2. 游戏"找五官"

（1）按教师的指令做相应的动作。

眨眨眼睛，指指鼻子，张张小嘴，摸摸耳朵。

（2）贴五官。

教师在黑板上画一张没有五官的空脸，请小朋友将眼睛、鼻子、嘴巴、耳朵的图片贴上去。

3. 说说五官的作用

（1）我们的嘴巴有什么用？（说话、吃东西）

（2）我们的鼻子有什么用？（呼吸、闻气味）

（3）我们的眼睛有什么用？（看东西）

（4）我们的耳朵有什么用？（听声音）

4. 看图说话

教师拿出准备好的相同的2幅人物头像，请小朋友观看，并把其中的一幅贴在小黑板上，然后把另一幅图片的脸染成黑色，再把图片贴在小黑板上，2幅图片对比，让小朋友说说哪幅图像好看，为什么。

教师总结：我们的脸就像图片一样，弄脏了就不好看了，所以我们要保持自己脸部的清洁，也不能去破坏别人的小脸蛋。

二、婴幼儿主要系统和感觉器官的生理解剖及生理发育特点

(一) 神经系统

1. 婴幼儿神经系统的生理解剖特点

(1) 大脑：妊娠 3 个月时，胎儿的神经系统已基本成形。神经元细胞就像小树苗，逐渐长成枝繁叶茂的大树 (见图 2-9)。

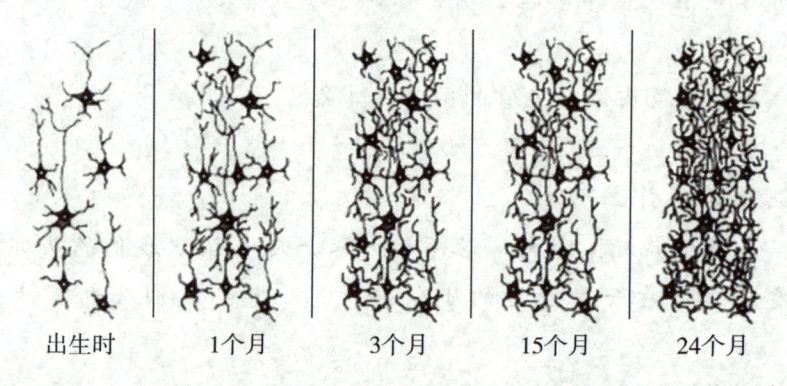

出生时　　1个月　　3个月　　15个月　　24个月

图 2-9　神经元细胞在出生后的发育

婴幼儿脑发育的特点表现为脑细胞迅速分裂、增生，脑重量增加。第一，婴儿出生前的半年至出生后一年，脑细胞数目逐渐增长。1 岁后，脑细胞数目虽然基本不再增加，但神经元细胞的突触由短变长，由少到多。第二，脑重量发生变化 (见表 2-1)。新生儿脑重量约为 350 g，1 岁时约 950 g，3 岁时约 1080 g，已接近于成人脑重的 80%。可见，正确的早期教育非常重要。

表 2-1　各年龄段人体大脑重量

年龄段	新生儿	1岁	2岁	3岁	4～7岁	成人
大脑重量 (g)	350	950	1010	1080	1310	1400

(2) 小脑：婴幼儿出生时，脑干、脊髓已发育成熟，但小脑发育较晚，到 3 岁左右，小脑功能才逐渐完善。因此，3 岁之前，婴幼儿的平衡能力、动作协调能力都比较差。这也解释了为什么 3 岁以前的孩子走路总是摔跤。

(3) 神经：髓鞘化是神经发育的重要特点。髓鞘化是新生儿神经系统发展必须经历的过程，它使神经兴奋在沿神经纤维传导时速度加快，保证其定向传导。婴幼儿神经髓鞘的形成与发育约在 4 岁完成。倘若髓鞘化落后，婴幼儿的动作发育也会相对迟缓。

2. 婴幼儿神经系统的生理发育特点

（1）脑功能发育不全。婴幼儿的大脑尚未完全建立各种神经反射，脑功能发育不全，因此各方面的能力发展都不及成人。

（2）大脑易兴奋，易疲劳。婴幼儿大脑皮层发育尚未成熟，内在抑制过程没发育好，因此自控能力差。婴幼儿容易兴奋而不容易抑制，兴奋建立容易，分散也快，因此注意力不能长期集中，并且容易疲劳。

（3）植物性神经发育不全。婴幼儿植物性神经发育不完善，主要表现为内脏器官的功能不稳定，如婴幼儿的心跳和呼吸频率较快，节律不稳定，胃肠消化功能容易受情绪的影响。

（4）婴幼儿睡眠时间长。充足的睡眠才能使大脑皮层的疲劳得到缓解。新生儿几乎所有时间都处于睡眠状态；1～6个月，每日需要睡眠16～18小时；7～12个月，14～15小时；1～2岁，13～14小时；2～3岁，12小时；5～7岁，11小时。婴儿过了百天，白天可安排睡三觉；9个月以后，白天睡两觉；2岁以后，中午安排一次午睡即可。白天每次睡眠约2小时。如图2-10，幼儿（2岁半）刚入托班一星期，还未适应幼儿园作息，在吃午饭的时候睡着了。

图2-10 幼儿在吃午饭的时候睡着了

(二) 呼吸系统

1. 婴幼儿呼吸系统的生理解剖特点

（1）鼻部：婴幼儿的鼻腔相对短小狭窄，鼻黏膜柔嫩，富有血管，但鼻腔内没有鼻毛，无法很好地抵抗病原体入侵，容易感染，感染后鼻黏膜容易充血肿胀，引起鼻塞，导致婴幼儿呼吸困难、拒奶。

（2）咽部：婴幼儿的咽鼓管较宽，且直而短，呈水平位，鼻咽腔开口处较低，故咽部炎症易通过咽鼓管侵入中耳，引起中耳炎。

（3）喉部：婴幼儿喉腔窄，声门狭小，血管和淋巴组织丰富，容易因为感染引起喉部充血狭窄，而导致呼吸困难、声音嘶哑，甚至引起窒息。

（4）气管、支气管：婴幼儿的右侧支气管较垂直，因此，一旦异物吸入，较易进入右侧支气管。气管及支气管管壁较薄，管腔相对成人狭窄，黏膜血管丰富，黏膜纤毛运动差，不能很好地清除微生物及黏液，易引起感染。感染可使管腔变得更窄，易引起呼吸困难。

（5）肺部：婴幼儿肺富有结缔组织，弹力组织发育差，血管丰富，含血较多，含气较少，肺间质发育旺盛，肺泡数量较少，故肺炎时容易发生缺氧。婴幼儿胸腔狭窄，新陈代谢快，需氧量大，但肺容量小，所以机体就以加快呼吸来代偿，故年龄越小，呼吸频率越快（见表2-2）。

表2-2 不同年龄婴幼儿每分钟呼吸次数

年龄	每分钟呼吸次数
新生儿	40～45
1～12个月	30～40
1～3岁	25～30
4～7岁	20～25

（6）胸廓：婴幼儿的胸廓，前后径相对较长，呈圆筒状，肋骨呈水平位。婴幼儿期以腹式呼吸为主，到3岁后才逐渐转为胸式呼吸。

2. 婴幼儿呼吸系统的生理发育特点

（1）上呼吸道具有调节温度的作用。上呼吸道黏膜有丰富的毛细血管网，吸气时能使吸入的冷空气加温，以使其接近体温，还可以起到加湿的作用，再通过下呼吸道进入肺，对肺起保护作用。婴幼儿鼻腔内无鼻毛，病原体容易侵入呼吸道。

（2）黏膜纤毛具有清除作用。支气管以上部位的黏膜上皮细胞，均有纤毛运动，具有清除功能，对防止感染、维持正常功能非常重要。一旦有微生物或颗粒吸入，黏膜纤毛摆动，使这些"异物"以痰的形式排出体外。

资料拓展

口呼吸与鼻呼吸

口呼吸是指通过口腔而非鼻腔进行呼吸的方式。口呼吸可分为阻塞性口呼吸（也称为病理性口呼吸）和习惯性口呼吸。婴幼儿出现口呼吸的原因包括生理结构问题、原发疾病、不良习惯等。口呼吸可能会影响婴幼儿的面部和颌骨发育，导致所谓的"口呼吸面容"，包括上颌骨发育不良、下颌骨后缩、牙齿排列不齐等问题。习惯性口呼吸常发生于6周岁以后的儿童，但具体年龄可能因个体差异而不同。因此，在婴幼儿照护中，应尽量避免让孩子长时间口呼吸，及时处理可能导致鼻腔阻塞的疾病；同时，日常可通过进行闭口呼吸训练、肌功能训练、鼻呼吸训练以及调整生活习惯（如侧卧）等方式养成正确的鼻呼吸习惯。

注意：口呼吸矫正贴仅适用于习惯性口呼吸，建议不要擅自使用，谨遵医嘱。

（三）消化系统

1. 婴幼儿消化系统的生理解剖特点

（1）口腔：婴幼儿口腔容量小，口腔浅。黏膜非常细嫩，血管丰富，易受损伤。颊部有较厚的脂肪垫，为吸吮动作提供了良好条件。口腔内的牙齿变化比较大，出生时乳牙尚未萌出，2岁半左右20颗牙齿长齐。

（2）食管：婴幼儿的食管呈漏斗状，比较狭窄，黏膜纤弱，腺体缺乏，弹力不足。同时，食管下括约肌发育不成熟，控制力差，容易溢乳。

（3）胃部：婴幼儿的胃容量小，新生儿胃容量约为30～35 mL，1岁时为250 mL，3岁时达到700 mL，因此，与成人相比，婴幼儿进食的次数较多。婴幼儿胃蠕动慢，胃液中消化酶较少，因此消化能力比较弱。此外，婴幼儿的贲门比较松弛，容易出现呕吐、溢乳（漾奶）、食物反流等现象。

资料拓展

漾 奶

有很多新生儿常常会在吃完奶后，从口边流出一些奶液，每天会出现好多次这样的现象，这种情况就是"漾奶"，也称"溢乳"。那么，婴儿为什么容易漾奶呢？

这是因为胃是消化道中最宽大的部分。胃的上口与食管连接处有一组环形的肌肉，叫贲门；胃的下口与十二指肠连接处也有一组环形的肌肉，叫幽门。胃的入口是贲门，出口是幽门。婴儿的胃呈水平位，同时贲门松弛，因此吸入空气时，奶就容易随打嗝流出来，这就是发生漾奶的原因。

为了减少漾奶现象，喂过奶，可让婴儿伏在大人的肩头，轻轻拍婴儿的背，让他打个嗝，排出咽下的空气，然后再躺下。漾奶现象大多数在婴儿8～10个月时逐渐消失。

(4) 肠：婴幼儿小肠是消化道中最长的一段，其长度为身长的5～7倍，而成人的小肠长度仅为身长的4倍。婴幼儿的肠管相对较长，这有利于营养物质的吸收，但因为婴幼儿的肠壁薄，肠黏膜血管丰富，肠固定性差，易发生肠套叠和肠绞痛。

2. 婴幼儿消化系统的生理发育特点

(1) 新生儿出生时已具有吸吮和吞咽反射。婴幼儿唾液腺发育差，分泌量少，口腔比较干燥。

(2) 新生儿出生后3～4个月时唾液分泌开始增加，5～6个月时显著增多，常发生生理性流涎。

(3) 婴幼儿胃容量较小，排空快，容易饿。

(4) 婴幼儿小肠的吸收能力强，应提供符合婴幼儿胃、肠特点的膳食，做到碎、细、软、烂、嫩。

(四) 泌尿系统

1. 婴幼儿泌尿系统的生理解剖特点

(1) 肾脏：相对成人来说，新生儿肾脏相对较大，位置比较低。

(2) 输尿管：婴幼儿输尿管较长且弯曲，管壁肌肉及弹力纤维发育不良，容易扩张并易扭曲导致梗阻，造成尿潴留，从而诱发感染。

(3) 膀胱：婴幼儿膀胱位置较高，充盈时易升入腹腔，易被误认为是腹部包块。

(4) 尿道：女婴尿道较短，外口暴露且接近肛门，易受粪便污染。男婴尿道较长，但常有包茎，积垢时易引起细菌上行感染。

2. 婴幼儿泌尿系统的生理发育特点

(1) 婴幼儿膀胱肌肉层薄，弹性组织发育尚未健全，储尿机能差，故排尿次数较多。出生1周以内的新生儿每天排尿20～25次，1岁时每天排尿15～16次，3岁时每天排尿6～7次。

(2) 大脑皮层发育不完善，对排尿的约束能力差。年龄越小，无约束排尿表现越突出。在婴儿半岁左右，成人可以通过"把尿"，培养及训练孩子自觉排尿的意识与能力。1岁左右，一般就会用动作、语言表示"要撒尿"，白天最好不兜尿布，可训练坐便盆排尿。

(3) 机体内环境的调节主要依靠肾脏。随着年龄的增长，肾功能迅速提高，到1岁后，婴幼儿的肾功能与成人相似。

（五）循环系统

1. 婴幼儿循环系统的生理解剖特点

（1）心脏：婴幼儿时期心脏体积与身体体积的比例相对较成人稍大，随着年龄的增长，心脏体积与身体体积的比例逐渐下降。新生儿心脏重 20~25 g，占体重的 0.8%；1~2 岁达 60 g，占体重的 0.5%。心脏容积较小。

（2）血管：婴幼儿血管内径相对比成人大，毛细血管非常丰富，血管壁薄，血管弹性小，弹力纤维少。

（3）血液：儿童时期血液总量增加很快。血液总量是指存在于循环系统中的全部血液量。新生儿血液总量约 300 mL，1 岁时加倍。

2. 婴幼儿循环系统的生理发育特点

（1）年龄越小，心率越快。婴幼儿心脏发育不完全，心肌收缩力较差，每次收缩搏出的血量相对较少，为满足婴幼儿新陈代谢的旺盛需求，只有依靠增加收缩次数来弥补搏出血量少的不足（见表 2-3）。

表 2-3 不同年龄婴幼儿的心率

年龄阶段	新生儿	1~12 个月	1~3 岁	4~7 岁
心率（次/分）	120~140	110~130	100~120	80~100

（2）婴幼儿易贫血，凝血速度较慢，抗病能力较差。婴幼儿处于血液快速增长的时期，需要补充铁和蛋白质防止贫血。婴幼儿血液中含有的凝血物质相对较少，一旦发生意外身体出血，需要较长时间凝固血液。婴幼儿血液中白细胞的免疫能力有限，故吞噬异物、抵御有害微生物入侵的能力较弱，导致婴幼儿抗病能力差。

（六）内分泌系统

1. 婴幼儿内分泌系统的生理解剖特点

人体主要的内分泌腺有垂体、甲状腺、甲状旁腺、肾上腺、胸腺、胰岛和性腺等。婴幼儿时期，需着重关注垂体、甲状腺。

（1）垂体：垂体是人体最重要的内分泌器官，被称为"内分泌之王"。婴幼儿出生时，垂体已充分发育。4 岁以前和青春期，垂体的机能最活跃。

（2）甲状腺：甲状腺是人体最大的内分泌腺，在出生时已经形成，随年龄增长逐渐生长，14~15 岁达到最高峰。

2. 婴幼儿内分泌系统的生理发育特点

（1）垂体分泌生长激素，促进人体的生长发育。生长激素在每日不同时间段分泌的量存在差异，白天分泌较少，夜间分泌较多。因此，睡眠不安，睡眠时间不够，就会影响长个儿。此外，情绪、营养、运动等也会影响生长激素的分泌。

（2）甲状腺分泌的甲状腺激素促进人体新陈代谢，维持机体生长发育。碘是合成甲状腺素不可缺少的原料，婴幼儿应适当摄取含碘的食物，防止碘缺乏。

资料拓展

克汀病

孕妇缺碘，造成婴儿出生后智力低下，听力障碍，身材矮小，比例不均（躯干长，下肢短），称为"克汀病"或"呆小病"。碘是合成甲状腺素必不可少的原料。碘不足，胎儿甲状腺素的合成就会减少，严重影响胎儿的中枢神经系统，尤其是脑的分化、发育，从而患上克汀病。克汀病是一种完全可以预防的疾病。在地方性甲状腺肿流行区，可采用碘化食盐，以增加碘的摄入量。孕妇还应常吃海带、紫菜等含碘丰富的食物。

（七）运动系统

1. 婴幼儿运动系统的生理解剖特点

（1）骨：婴幼儿骨的数量较成人多。新生儿约有 300 块骨。在生长发育的过程中，有些分离的软骨融合为一体，故到成年时有 206 块骨。此外，与成人相比，婴幼儿骨含骨胶原蛋白等有机物较多，含钙盐等无机物相对较少，故骨柔软，韧性强，容易发生变形。

（2）脊柱：新生儿出生时脊柱是直的，随着生长发育，生理弯曲逐渐形成。

（3）关节：婴幼儿的关节囊比较松弛，周围的韧带也不够结实，在受到强大外力作用时，容易发生脱臼。

（4）肌肉：婴幼儿肌肉容易疲劳。婴幼儿肌肉纤维细，肌肉力量和能量储备不足，加之肌肉成分中蛋白质、脂肪、无机盐含量较少，因此容易疲劳。

资料拓展

牵拉肘

婴幼儿的关节囊比较松弛，关节周围的韧带也不够结实，容易脱臼（俗称"掉环"）。当肘部处于伸直位置时，若被猛力牵拉手臂，就可能造成牵拉肘，这是一种常见的肘关节半脱臼。它常常是大人牵着婴幼儿上楼梯、过马路或帮孩子穿脱衣服时用力牵拉，提拎孩子的手臂所造成的。

2. 婴幼儿运动系统的生理发育特点

（1）骨生长迅速。婴幼儿正处于身高迅速增长时期，其骨骼不断地增长、加粗，应注意钙和蛋白质的补充。

（2）骨柔软，易弯曲。婴幼儿因为骨骼柔软，能做到许多成人无法做到的动作。但骨骼也容易出现变形、弯曲，不宜过早进行高强度动作训练，如让不足4个月的婴儿久坐易造成肋骨外翻。

（3）颅骨尚未发育好。新生儿的颅骨骨化尚未完成，为头颅的增长预留了足够的空间。有些颅骨的边缘彼此尚未连接起来，有的仅以结缔组织膜相连，这些膜的部分叫作囟门。前囟一般在12~18个月闭合，个别儿童可推迟至2岁左右。后囟最晚在2~4个月闭合。囟门的闭合，反映了颅骨的骨化过程。囟门早闭多见于头小畸形；晚闭多见于佝偻病、脑积水或克汀病。

（4）脊柱的生理弯曲逐渐形成。婴幼儿一般在3个月会抬头时出现颈椎前曲，6个月会坐时出现胸椎后曲，1岁左右学走时出现腰椎前曲，7岁后，随着韧带发育完善，弯曲才固定。

（5）婴幼儿的腕骨未钙化完全。人一只手有8块腕骨。新生儿的腕部骨骼均是软骨，6个月后才逐渐出现骨化中心，10岁左右，腕骨才全部钙化完成。因此，婴幼儿手部力量小，不能拿重物，买玩具也要挑一挑，要适合婴幼儿的手劲。

（6）肌肉容易疲劳。婴幼儿肌肉成分中，水分较多，蛋白质、无机盐较少。肌肉纤维细，力量和耐力较差，因此容易疲劳。

资料拓展

青枝骨折

所谓"青枝骨折"就是骨发生变形，折而不断，就像春天富含水分，不容易折断的柳枝一样，故称作"青枝骨折"。究其原因，是婴幼儿骨头中所含成分的比例与成人不同。骨头的化学成分，包含水分、无机物（赋予骨骼硬度）、有机物（赋予骨骼弹性）。婴幼儿骨头中的无机物和有机物各约占1/2，无机物占比比成人小得多，因此婴幼儿的骨头硬度小，韧性强，容易发生变形。

青枝骨折是婴幼儿一种特殊的骨折类型，症状较轻，容易被忽略，因此成人要多加注意，防止变形的骨随年龄增长而定形。

(八) 感觉器官

1. 皮肤的生理解剖及生理发育特点

(1) 保护功能差。婴幼儿皮肤细嫩，角质层薄，渗透能力强，因此一旦受到外伤，细菌很容易侵入皮肤，造成感染。

(2) 体温调节能力差。婴幼儿皮肤的皮下脂肪较少，散热和保温能力都不及成人，容易受凉或中暑。

(3) 代谢活跃。婴幼儿皮肤新陈代谢快，分泌物多，因此要注意婴幼儿的皮肤清洁，否则容易生疮长疖。

> **典型案例**
>
> 灿灿今年两岁半了，平时由爷爷奶奶照顾。他是爷爷奶奶的心头肉，因此老人一会儿怕孩子热，一会儿又怕孩子冷，不让灿灿出门。
>
> **分析**：这样的做法其实不对。锻炼可以增强机体对冷、热的适应能力。成人要充分利用空气、阳光和水这三件"宝"，锻炼孩子的适应能力。俗话说"要想小儿安，三分饥和寒"，是有一定道理的。
>
> 成人经常带孩子进行户外活动，有利于改善婴幼儿皮肤的血液循环，增强体温调节能力。在室内也可以利用这三件"宝"进行锻炼，比如让婴幼儿从夏天开始用冷水洗脸、洗手，冬天继续坚持，长此以往，婴幼儿就会习惯冷水。但要注意，晚上要用温水清洗，以更好地清洁皮肤。

2. 眼的生理解剖及生理发育特点

(1) 发育早。妊娠头 3 个月是胚胎发育成形的关键时期。胎儿眼睛的主要成形时间是妊娠期的 3~7 周。在此期间，如母亲患病、营养不良、接触有害射线和有毒物等，均可能影响胎儿眼的正常生长发育，造成先天性眼疾。

(2) 生长快。0~3 岁是视觉发育最快的时期，正常的视觉发育主要在出生后最初几年。2 岁前为视觉发育的关键期，6 岁前为视觉发育的敏感期。在这两个时期中，视觉的发育有很大的可塑性。若出现弱视，越早治疗，效果越好。

(3) 生理性远视。5 岁前，儿童由于眼睛发育不良，眼球前后距离短，物体往往成像于视网膜的后面，产生生理性远视。随着生长发育，幼儿眼球前后径接近成人长度（24 mm 左右），就会变成正常视力。

(4) 调节能力强。婴幼儿的晶状体弹性好，调节能力强。婴幼儿尽管是生理性远视，但对于较近的物体仍能看得比较清楚。然而用眼时间一长，容易造成睫状肌疲劳，形成近视眼。

3. 耳的生理解剖及生理发育特点

（1）耳廓易生冻疮。因耳廓皮下组织很少，血液循环差，易生冻疮。冻疮在天暖的时候可以自愈，到了冬天，温度下降，又容易复发，所以低温时要注意给孩子耳部保暖。

（2）中耳容易感染。人体中耳内有咽鼓管，婴幼儿的咽鼓管短、宽、直，呈水平位置，上呼吸道的病原体易经咽鼓管侵入中耳，引发中耳炎。

（3）对噪声敏感。婴幼儿对噪声比较敏感，当声音达到60分贝时，会影响其睡眠和休息；达到80分贝以上，就会造成婴幼儿烦躁不安、睡眠不足、消化不良、记忆力减退以及听觉迟钝等问题。

> **开放话题**
>
> 现在越来越多的家长从孩子婴幼儿时期就开始给孩子报特长班、兴趣班。有的家长认为技能要从小培养，特别是舞蹈这类需要"童子功"的技能。但是婴幼儿的发育又具有自身的规律。请同学们结合这两点，谈一谈你认为婴幼儿是否能够参加舞蹈特长班。

第二节　婴幼儿生长发育的规律和影响因素

生长是指整个身体和器官可以用度量衡测量出来的变化，是机体量的变化，可以通过测量的数值来表示，如身高、体重变化。发育是指细胞、组织、器官和系统功能的成熟，是机体质的变化，这些变化是随着年龄的不断增长而逐渐变化的，不能直接用数值表现出来，如心理的发展。生长与发育二者是相互依存的，但二者的发展速度并不同步，有时生长速度快于发育速度，有时则相反。

一、婴幼儿生长发育的规律

（一）身长增长规律

婴幼儿身长的增长随年龄的增长相对减慢。刚出生的新生儿身长约为47~52 cm，平均身长50 cm，男婴要比女婴略长0.2~0.5 cm。出生后第一年身长增长最快，每月增长3~3.5 cm。1~3岁时，幼儿身高每年增长8~10 cm，3

岁时可达到 93 cm。

（二）体重增长规律

婴幼儿体重是一项敏感指标，容易受到健康、营养、环境等方面因素的影响，常用于反映机体营养情况。婴儿出生时的平均体重约为 3 kg。正常婴儿出生后第一周内出现生理性体重下降，10 天后体重回复至初生时水平。第一个月内平均每天增重约 30 g；前 3 个月体重增加快，每月增重 700~800 g；以后随着年龄的增长，婴幼儿体重的增长逐渐减慢。

（三）头围与胸围增长规律

1. 头围

头围即从眉间点（起点）经枕后点至起点的围长。婴幼儿头围的增长较快，但随年龄的增长，速度逐渐减缓（见表 2-4）。婴幼儿出生时的平均头围为 34 cm，前半年增长 8~10 cm，后半年增长 2~4 cm，1 岁时平均头围 46 cm。定期测量头围，可及时发现头围异常。如果头围过小，要考虑婴幼儿大脑发育是否健全的问题；如果头围过大，应排除是否有脑积水、佝偻病等。

表 2-4　婴幼儿头围增长表

婴幼儿月龄	头围平均值/cm	头围增长量/cm
出生	34	
3	40	6
12	46	6
24	48	2
36	50	2

2. 胸围

胸围是由背部平肩胛骨下角，经乳头绕胸一周的围长。胸围可间接反映胸腔容积、胸背部骨骼肌肉、呼吸器官的发育情况。随着婴幼儿年龄的增长，胸围的增长速度逐渐超过头围的增长速度（见表 2-5）。足月新生儿胸围约 32 cm，略小于头围 1~2 cm；1 岁左右，胸围等于头围；1 岁以后，胸围逐渐超过头围；其后胸围逐渐变大。1.5 岁后胸围仍不能超过头围，则可能为发育落后。

表 2-5　婴幼儿胸围与头围对照表

婴幼儿月龄	胸围/cm	与头围对比
出生	32	小于头围 1~2 cm
12	46	大致相等
24	49~50	大于头围 1~2 cm
36	50~51	大于头围 1~2 cm

（四）骨骼的发育规律

婴儿出生后 3 个月能抬头时，颈部的脊柱向前弯曲；6 个月会坐时，胸部的脊柱向后弯曲；1 岁开始行走时，腰部的脊柱向前弯曲。这 3 个弯曲在 7 岁后为韧带所固定。

婴幼儿的骨骼发育情况，我们可通过 X 光检查婴幼儿腕骨骨化中心得出。婴幼儿 1 岁时，腕骨已发育出头状骨和钩状骨；3 岁时，长出三角骨；到 13 岁左右，腕骨才能完成其全部骨化过程。

（五）乳牙的生长发育规律

婴幼儿的牙齿根据其位置、形态和功能，可分为切牙（门齿）、尖牙（犬齿）和磨牙（臼齿）。婴儿 6~8 个月首先长出 2 枚乳中切牙，其他牙齿按一定的顺序先后萌出，20 颗牙通常在 2 岁半左右出齐（图 2-11）。在乳牙萌出的具体时间上，个体差异较大。

乳中切牙	6~8 个月
乳侧切牙	8~12 个月
乳尖牙	16~20 个月
第一乳磨牙	12~16 个月
第二乳磨牙	20~30 个月

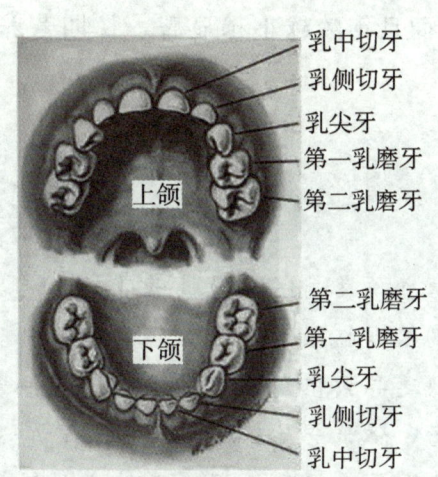

图 2-11　婴幼儿乳牙萌生时间表

（六）其他方面的发育规律

胎儿体重的 90% 为水分，新生儿的体液（水分）约占其体重的 70%~80%，在后期的发展中逐渐变为成人体内含水量60%。

婴儿肌肉纤维仅占体重的25%，肌肉纤维细，肌肉水分多，力量和能量储备都不如成人，因此肌肉容易疲劳，后期随着年龄增长逐渐发展。

婴幼儿尿量出生头2天为15~50 mL/天，6个月后为400~500 mL/天，此后尿量增加缓慢，到8岁时才达到700 mL/天。婴幼儿肾的重吸收能力差，尿液多，膀胱小，因此储尿机能差，排尿次数多。另外，由于其神经系统的调节作用不健全，不易主动控制排尿过程，故需成人协助他们养成定时排尿的习惯。正常情况下，2~3岁幼儿每昼夜排尿7~12次。

二、婴幼儿生长发育的影响因素

（一）遗传

遗传因素在个体身上体现为遗传素质，主要包括机体的构造、形态、感官和神经系统等通过基因传递的生物特征。人的外貌特征、智商、发展趋向都会受到遗传的影响。国内外的一些研究，比如美国心理学家格塞尔的双生子爬梯实验、谱系研究、领养研究等均可证明遗传对生长发育的影响。

（二）营养

营养对生长发育至关重要，是生长发育的物质保障。婴幼儿生长发育需要从外界摄取各种营养，保证合理的饮食结构。如果婴幼儿缺乏营养，就会影响其生长发育，甚至导致疾病。其中，营养对于身高发育的影响，较其他外界因素更加明显，而且年龄越小越显著，长期营养不良会影响骨骼的增长，致使身材矮小。

> **资料拓展**
>
> **婴幼儿营养不良**
>
> 婴幼儿营养不良是一种慢性营养缺乏症，会导致各种生长发育问题。婴幼儿营养不良根据临床表现分为三种类型：第一种常见的类型是消瘦型，主要是能量的缺乏导致出现明显的消瘦，皮肤干燥松弛，弹性差，头发枯黄稀少，容易脱落，体弱乏力，萎靡不振，严重的伴有腹泻、呕吐。第二种类型是水肿型，主要是由严重的蛋白质缺乏导致的，症状以全身的水肿为主，水肿轻的见于下肢、足背，水肿严重的波及全身。第三种类型是混合型，绝大多数患儿因为蛋白质和能量同时缺乏，在临床上表现为上述两种类型的混合型。

(三) 锻炼

体格锻炼可以促进生长激素的分泌，加快机体的新陈代谢，提高呼吸系统、运动系统和心血管的功能，尤其能使婴幼儿的骨骼和肌肉都得到锻炼。此外，体格锻炼还能提高婴幼儿对环境的适应能力，增强机体的免疫能力。

> **典型案例**
>
> **可爱的小青蛙（体育游戏）**
>
> 【游戏目的】
>
> 通过模仿青蛙跳的动作，初步练习双脚定点跳。
>
> 【游戏准备】
>
> 1. 户外场地布置成一个池塘，地面上有荷叶、小虫。
> 2. 音乐。
>
> 【游戏过程】
>
> 1. 热身律动：《小蝌蚪》。
>
> 幼儿和教师一起听音乐，做律动，教师唱歌谣。
>
> 2. 初步练习双脚跳跃的动作。
>
> 引出青蛙跳。教师："我的小蝌蚪变成青蛙了。青蛙会跳吗？和妈妈一起跳到荷叶上去玩一玩吧。"
>
> 3. 自由练习跳跃的动作。
>
> 教师："看那边，也有一片很大的荷叶呢，我们也跳过去吧，但是要从这些小荷叶上跳过去，不能跳到水里哦。"
>
> 4. 请幼儿展示。
>
> 5. 幼儿继续自主练习。在练习过程中，教师注意个别指导。

(四) 疾病

婴幼儿身体各个器官、系统尚未发育完全，容易罹患疾病，各种疾病均可阻碍正常的生长与发育。慢性病可严重影响婴幼儿身体的健康发育，影响体重、身高及其他方面的发展。例如，内分泌系统中生长激素分泌不足而导致的侏儒症，就严重影响婴幼儿的身高发育。

(五) 生活环境

空气流通、阳光充足、噪声少的居住环境，早睡早起、坚持体育锻炼、健康饮食的生活习惯，专业的护理技术、完善的医疗保健服务等，均有利于婴幼儿体格和精神的发育。

> **典型案例**
>
> "退化"的豪豪
>
> 豪豪是一名2岁的幼儿，由于父母工作繁忙，常在外地，豪豪由奶奶照看。但是奶奶年岁已大，腿脚不方便，所以很少带孩子出去走动，且没有科学的育儿经验，与孩子的交流也很少。时间过了半年，等繁忙的父母从外地回到家，发现本应该成长的孩子不仅没有表现出同龄人该有的能力，甚至有所"退化"，说话发音不清，动作也比较迟缓，没有幼儿该有的生气。
>
> **问题引导**：造成豪豪"退化"的主要原因是什么？该如何避免这种现象的出现？

> **开放话题**
>
> 婴幼儿过敏现象呈现出患病率上升、食物过敏种类多样、对儿童健康影响深远等特点，且存在地区差异。该现象已成为社会和婴幼儿健康的沉重负担，我们如何摆脱这种困境？

（六）睡眠

婴幼儿入睡后，垂体的前叶分泌出一种生长激素，且研究证明生长激素70%左右都是在夜间深度睡眠的时候分泌的。在睡眠状态下，身体的同化作用大于异化作用，是身体充分休息的必要过程。睡眠不规律、睡眠不足、睡眠质量不高，会影响生长激素的分泌，进而影响身高、体重的发展。

> **开放话题**
>
> 在生活中，有些家长特别是老一辈的家长认为，婴幼儿的成长发育顺其自然就好，没有什么特别值得注意的地方。他们觉得很多年轻家长这也要注意，那也要提防，未免小题大做。但是年轻家长则认为孩子的成长发育只有一次，因此要给予孩子细致入微的照顾，注意到影响孩子的每一个因素。
>
> 你是如何看待这两种观点的？谈谈你的看法。

第三节　婴幼儿日常生活照护实务

一、营养与科学喂养

（一）婴幼儿营养需求

1. 婴幼儿的骨骼在发育，不仅需要较多的钙，而且需要维生素 D，以便使沉积的钙吸收。因此，成人要多给孩子提供奶制品、豆制品、肉类、蛋类等高钙食物，以及鱼类、动物肝脏、坚果等维生素 D 含量较高的食物，防止孩子得维生素 D 缺乏性佝偻病（软骨病）。

2. 照护者在为婴幼儿设计安排饮食时，应适当减少胆固醇和饱和脂肪酸的摄入量，严格控制孩子对奶油、油炸食品、乳酪等食物的摄入，增加蔬菜、水果等富含维生素食物的摄入，保持营养均衡。

（二）婴幼儿科学喂养

1. 人工喂养时，冲泡奶粉应水平摇晃，避免上下摇晃而产生过多气泡。给婴幼儿用奶瓶喂奶时，要让奶液充满橡皮奶头，不要让婴幼儿咽下大量空气。喂完奶安静休息 3 分钟后，手掌呈空心状拍拍婴儿肩胛骨中间位置（拍奶嗝），可以减少肠绞痛。

2. 照护人员应注意观察婴儿通过语言、肢体动作所发出的饥饿或饱足的信号，及时恰当回应进食需求，顺应喂养。

3. 及时添加辅食，遵循由一种到多种、由少到多、由稀到稠、由细到粗的原则，为婴幼儿提供与年龄、发育特点相适应的食物，为有特殊饮食需求的婴幼儿提供喂养建议。

4. 偏吃或拒食某种食物都是幼儿常见的偏食行为。处理幼儿的偏食行为时，不必过度纠正或强迫进食，可参考以下建议：

（1）从幼儿喜爱的食物和近阶段的兴趣着手。

（2）鼓励幼儿尝试，将食物切分成合适的大小。

（3）引入适切的激励机制。对于班级里吃饭积极的小朋友，教师不仅可以把照片展示在主题墙上，还可以公布在家长群中让家长看到，幼儿从中可以获得成就感和满足感，对于他们来说也是很大的激励。

（4）家园合作，开展食育活动。在班级中开展"我最爱的食物"调查活动，让幼儿通过和爸爸妈妈一起了解自己最爱的食物，认识到各种食物都有不同的营养，对身体健康都是有帮助的，教师借此来鼓励幼儿更好地进餐，而这也能让家长认识到不挑食偏食、自主进餐的重要性。

二、睡眠

（一）避免喝"迷糊奶"

睡前喂奶对于小婴儿来说是有必要的。面对婴幼儿经常喝"迷糊奶"（婴儿经常在喂奶后立即睡觉，尤其是在喂奶中睡着）的情况，要将喂奶与睡眠分开，喂奶至少在睡前1小时进行，以避免婴儿将喂奶和睡觉联系起来，形成只有喂奶或进食后才能入睡的不良习惯。

（二）提供良好的睡眠环境和设施

1. 在安抚婴幼儿睡觉前，照护者应移除床上所有玩具，以减少窒息风险。
2. 新生儿睡眠时，室内温度保持在18～25℃，湿度保持在50%～70%；且白天睡眠时不过度遮蔽光线，以建立正常的昼夜节律。
3. 成人要给婴幼儿提供合适的睡床，不能太软，也不能太硬。成人可以在床上给孩子铺上小毯子，这样薄厚就正好了。此外，婴幼儿也不适合睡软枕，成人需要注意。

（三）加强睡眠过程巡视与照护

照护者在婴幼儿睡眠期间应有固定的巡视时间（如30分钟或1小时巡视一次，特别是在夜间），在保证婴幼儿安全的同时满足婴幼儿情感需求。在此过程中，记录婴幼儿的睡眠时间、持续时间和质量，以便识别任何异常模式。如果发现婴幼儿面色和呼吸异常，可将食指轻轻放在婴幼儿鼻子或嘴巴附近，观察婴幼儿睡眠、呼吸是否平稳；如果发现婴幼儿俯卧，可轻轻地调整其睡姿。

（四）养成规律作息

在平时的生活中，照护者可以控制幼儿进餐时间（每次正餐应控制在30分钟内）及睡眠时间（7～12月龄婴儿日间睡眠每次1～2小时，每日2次；1～2岁幼儿日间睡眠每次1.5～2.5小时，每日1～2次；2～3岁幼儿日间睡眠每次2～2.5小时，每日1次）。到了规定的时间，帮助或督促幼儿去进食或休息，并且需要长期坚持提醒幼儿，直至幼儿养成习惯。

三、生活与卫生习惯

（一）卫生盥洗照护

要特别注意女孩外阴部的清洁。擦大便应该从前往后擦。勤换尿布。女孩每天要洗屁股。

(二) 漱口照护

1. 照护者可以示范诵读儿歌《漱口》，讲解儿歌的内容，提示幼儿这首儿歌告诉了我们漱口的方法。

2. 照护者可以讲述绘本故事《小熊拔牙》，让幼儿明白我们需要保护牙齿，知道吃完东西需要漱口，了解不漱口的危害。

3. 在家中，幼儿容易依赖父母，家长可以多引导幼儿饭后独立漱口，让幼儿初步养成保护牙齿的良好卫生习惯。

(三) 婴儿生理性流涎照护

照护人员可用柔软的毛巾蘸清水清洗婴儿口腔周围的皮肤，保持婴儿口腔周围、脸部、颈部干爽；同时，可给婴儿佩戴柔软、略厚、吸水性较强的棉质围嘴，以防止口水将婴儿衣服弄湿；此外，应提醒婴儿亲属，不要用手捏婴儿的脸蛋逗乐，避免刺激腮腺，使唾液分泌得更多。

(四) 婴幼儿皮肤照护

婴幼儿皮肤渗透能力强，有毒物质容易经皮肤入侵体内。因此，成人要妥善处理盛过有毒物品的容器，不要让婴幼儿触碰到。此外，成人在为孩子涂拭外敷类药物时，也要注意药物的浓度和剂量是否适当。婴幼儿的衣物（尤其是袜子、和皮肤直接接触的衣服）要将线头清理干净，以免发生缠绕，影响血液循环。对于月龄小的宝宝，可采用里外反穿的方式，避免划伤皮肤。

典型案例

洗洗小手，预防流感

【游戏目的】

1. 结合动画，让幼儿了解流感的传播途径。
2. 教会幼儿正确洗手。
3. 提高幼儿的安全意识与能力。
4. 培养幼儿爱清洁、讲卫生的好习惯。

【游戏准备】

1. 相关绘本故事（如《流感大人》《打败流感怪兽》）、洗手视频。
2. 毛巾、洗手液、洗脸盆（图片形式）。
3. 洗手儿歌。

【游戏过程】

1. 活动导入：最近，老师发现好多小朋友经常打喷嚏、流鼻涕、咳嗽。

大家知道这是怎么回事吗?
2. 教师讲有关流感的绘本故事,让幼儿了解并思考怎么做能够防止流感传染。(勤洗手、少出门、多通风、消毒等)
3. 教师提问:我们需要怎么正确洗手呢?
4. 教师播放洗手视频,边教儿歌边示范洗手的步骤。
儿歌:小手先沾湿,抹一抹肥皂,
　　　搓一搓双手,好多的泡泡。

(五) 婴幼儿耳部照护

根据婴幼儿耳部的生理解剖及生理发育特点,成人对婴幼儿照护时应该注意:①耳部的保暖,以防孩子耳廓冻伤;②不随便给孩子挖耳屎,以防损害外耳道;③减少噪声;④日常监测婴幼儿的听力。

四、生长发育监测

目前常见的体格评价的参照标准有:国家卫生健康委员会于2022年9月发布的推荐性卫生行业标准《7岁以下儿童生长标准》;世界卫生组织(WHO)基于1997—2003年对巴西、加纳、印度、阿曼、挪威和美国儿童进行的测量数据,于2006年发布的《儿童发育标准》(Child Growth Standards)等。一般常用后者。实施方法为:正确测量婴幼儿的身长、体重、头围,然后对照参照标准进行评价,利用统计学上的离差法,平均数($\bar{x}$)±2个标准差(SD)之间为正常范围。95%的儿童都在正常范围内。如儿童的体重在正常范围内,就评定为正常;超出正常范围,就评定为不正常(过高或过低)。

(一) 身长

成人在测量婴幼儿身长时需要使用身长测量方法。2岁以下婴幼儿取卧位测量。成人帮助婴幼儿去掉鞋、帽等影响长度的衣物,使其仰卧于量床底板中线上,头部接触头板,双腿伸直,双足接触移动足板,成人对量床刻度进行读数。

(二) 体重

测量体重时通常采用杠杆式秤。成人为婴幼儿称重时,1岁以下的婴儿取卧位,1~3岁可取坐位。测量前,排空大小便,脱去鞋袜、外衣,摘掉帽子,仅穿背心、短裤。读数精确到小数点后两位。

(三) 头围

在为婴幼儿测量头围时,要采用软尺测量。将软尺零点固定于婴幼儿头部一侧眉弓上缘，软尺紧贴头皮绕枕骨结节最高点及另一侧眉弓上缘回到软尺零点，即为头围的长度，读至 0.1 cm。

(四) 胸围

在为婴幼儿测量胸围时，要采用软尺。用左手拇指将软尺零点固定于婴幼儿胸前乳头下缘，右手拉软尺绕过其后背，以两肩胛下角为准，经左侧回至软尺零点，使软尺轻轻接触皮肤，取呼气与吸气时的平均值，读至 0.1 cm。

(五) 视力

照护人需提高对视力不良和近视的防控意识，主动带婴幼儿定期在基层医疗卫生机构或县级妇幼保健机构及其他县级医疗机构接受儿童眼保健和视力检查服务，完成各年龄阶段的眼病、视力和远视储备量的监测。《0～6岁儿童眼保健及视力检查服务规范（试行）》规定的定期检查包括：新生儿期2次（分别在新生儿家庭访视和满月健康管理时），婴儿期4次（分别在3、6、8、12月龄时），1～3岁幼儿期4次（分别在18、24、30、36月龄时），学龄前期3次（分别在4、5、6岁时）。

本章小结

本章主要介绍婴幼儿心理发展的生理基础，主要学习了婴幼儿生理解剖与生理发育的特点，以及婴幼儿生长发育的规律和影响因素。本章内容有利于教师更好地了解婴幼儿身体的发展，帮助教师为幼儿成长做出专业指导。

重点掌握婴幼儿神经系统、呼吸系统、消化系统、泌尿系统、循环系统、内分泌系统、运动系统和感觉器官的生理解剖特点及生理发育特点。

婴幼儿生长发育的规律包括身长、体重、头围、胸围、骨骼、乳牙以及其他方面的生理发育规律。婴幼儿生长发育的影响因素包括遗传、营养、锻炼、疾病、生活环境和睡眠等六个方面。

巩固练习

一、选择题

1. 人能够"眼观六路，耳听八方"以及做出喜怒哀乐等表情，这都是（　　）的作用。

   A. 脑神经　　　　　B. 神经纤维　　　　C. 感知觉器官　　　D. 反射弧

2. 婴幼儿肺血管丰富，含血较多，含气较少，肺间质发育旺盛，肺泡数量（　　），所以婴幼儿年龄越小，呼吸（　　）。

A. 较多 较快　　B. 较多 较慢　　C. 较少 较快　　D. 较少 较慢

3. (　　)是人体最重要的内分泌器官,被称为"内分泌之王"。

A. 甲状腺　　　B. 脑干　　　　C. 垂体　　　　D. 松果体

4. 婴幼儿最先长出的牙齿是(　　)。

A. 臼齿　　　　B. 门齿　　　　C. 尖齿　　　　D. 智齿

5. 婴幼儿(　　)时开始出牙。

A. 3~8个月　　B. 6~8个月　　C. 4~10个月　　D. 6~10个月

6. 婴幼儿的睡眠情况会影响其生长发育,这是因为睡眠时垂体会分泌(　　)。

A. 甲状腺素　　B. 垂体激素　　C. 生长激素　　D. 肾上腺素

7. 学习(　　)知识能够早期发现婴幼儿异常并对常见疾病进行及时处理。

A. 生长监测　　B. 意外伤害护理　C. 心理　　　　D. 教育

8. 以下不属于婴幼儿常见疾病的是(　　)。

A. 腹泻　　　　B. 克汀病　　　C. 气管炎　　　D. 消化不良

9. 下列对婴幼儿发展的主要特点描述不正确的选项是(　　)。

A. 年龄越小,生长速度越快

B. 婴幼儿生长发育有一定的顺序和方向,不能越级发展

C. 婴幼儿时期要完成从自然人到社会人的转变

D. 随年龄增长,生长速度加快

10. 华生在《行为主义》一书中写道:"给我一打健康的儿童,如果在由我所控制的环境中培养他们,不论他们前辈的才能、爱好、倾向、能力、职业和种族情况如何,我保证其中任何一个人训练成我所选定的任何一种专家——医生、律师、艺术家、富商甚至乞丐和盗贼。"这种观点完全否定了(　　)在人的发展中的作用。

A. 遗传　　　　B. 教育　　　　C. 环境　　　　D. 教师

11. 补充碘最简便的方法是(　　)。

A. 晒太阳　　　B. 吃肉　　　　C. 喝奶　　　　D. 用碘盐

12. 多吃(　　)可以预防贫血。

A. 牛奶　　　　B. 动物肝脏　　C. 菠菜　　　　D. 脂肪

13. 婴幼儿最常见的脱臼是(　　)。

A. 肩关节半脱臼　B. 肘关节半脱臼　C. 肩关节脱臼　D. 肘关节脱臼

二、简答题

1. 请简述婴幼儿耳的生理解剖及生理发育特点。

2. 请简述婴幼儿生长发育的影响因素。

第三章

婴幼儿动作发展与照护

学习目标

知识目标：

1. 了解动作的概念、婴幼儿动作的概念及动作培养对婴幼儿发展的意义；
2. 掌握婴幼儿动作发展的规律和特点；
3. 了解婴幼儿动作发展的主要内容。

技能目标：

1. 能够熟练应用婴幼儿粗大动作发展和精细动作发展的照护策略对婴幼儿动作发展做出照护；
2. 能够以婴幼儿动作发展的照护策略为依据，对婴幼儿做出科学指导。

素养目标：

1. 培养认真细致的学习态度；
2. 培养真诚负责的工作态度。

知识图谱

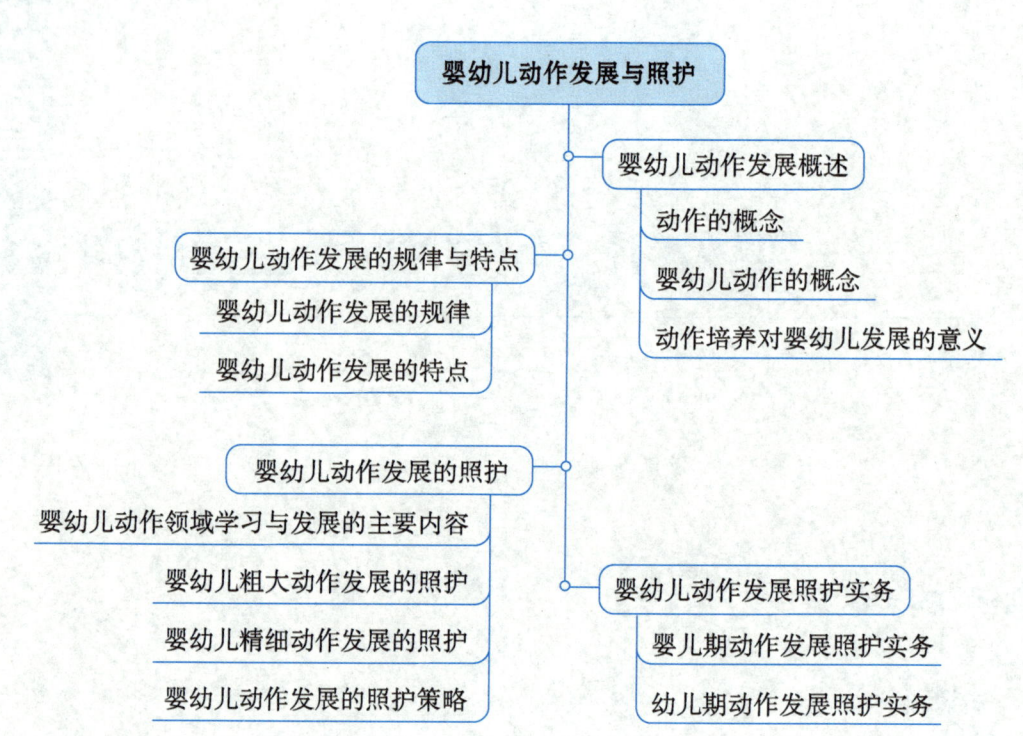

- 婴幼儿动作发展与照护
  - 婴幼儿动作发展概述
    - 动作的概念
    - 婴幼儿动作的概念
    - 动作培养对婴幼儿发展的意义
  - 婴幼儿动作发展的规律与特点
    - 婴幼儿动作发展的规律
    - 婴幼儿动作发展的特点
  - 婴幼儿动作发展的照护
    - 婴幼儿动作领域学习与发展的主要内容
    - 婴幼儿粗大动作发展的照护
    - 婴幼儿精细动作发展的照护
    - 婴幼儿动作发展的照护策略
  - 婴幼儿动作发展照护实务
    - 婴儿期动作发展照护实务
    - 幼儿期动作发展照护实务

情景与问题

近几天，欢欢频繁练习翻身，但总是失败，时常急得大哭，但即使这样，她也没有放弃，仍旧努力地尝试翻身动作。妈妈为她的努力而开心，但看到孩子大哭又于心不忍，于是就在欢欢翻身时助她一臂之力。可奇怪的是欢欢翻过身去以后哭得更凶了，她的妈妈感到非常疑惑。

问题引导：为什么欢欢哭得更凶了？这是什么原因导致的？请同学们广泛讨论。

第一节 婴幼儿动作发展概述

一、动作的概念

动作是个体具有一定动机和目的并指向一定对象的运动。在运动学中，动作被视为在一定时间、空间的限制下，肢体的肌肉、骨骼、关节协同活动的模式，既指由多个部分运动器官共同完成的活动模式，也指某一部分器官产生的特定活动模式。总之，动作是人类生存与发展的一项重要能力，可以被看作运动系统和神经系统在一定环境要求和条件作用下协同活动的过程与结果。它是个体前期与外界环境相互作用的重要手段之一，是个体开展各种实践活动的基础。

二、婴幼儿动作的概念

婴幼儿的动作是骨骼、肌肉、关节等身体运动器官在神经系统的调节下产生的生理活动。所有动作都是在神经系统调控下进行和完成的。婴幼儿动作发展受神经系统成熟程度的内在制约。此外，婴幼儿的动作还是其内在心理功能的外在表现形式之一，婴幼儿动作的发起和完成过程实际上决定于内外信息在个体心理系统中的登录、编码、储存与提取。动作的发展对婴幼儿其他领域的发展也具有重要作用，是婴幼儿早期发展的重要指标。

三、动作培养对婴幼儿发展的意义

（一）动作培养促进婴幼儿的身体健康发育

动作培养以发展婴幼儿的动作为主要目的，肢体活动是基本形式，因此，在培养婴幼儿动作的过程中，必然使婴幼儿的身体得到锻炼。比如，在动作培养过程中，最先得到锻炼的是婴幼儿的体格，肢体活动对骨骼、肌肉和关节的刺激，能促进婴幼儿身体的生长，还能促进能量的消耗以及身体的新陈代谢，有利于婴幼儿的身体保持健康的发展。

（二）动作培养促进婴幼儿认知的发展

婴幼儿认知的发展包括初生时的感觉、知觉、记忆的发展，以及后来逐渐出现的想象和思维的发展,是婴幼儿认识世界的工具之一。

随着动作的复杂化,婴幼儿的认知方式在发生变化,对世界的认知也逐渐清晰:婴幼儿通过爬行获得了运动经验,促进感知觉的发展;独立行走和抓提等动作的发展促进了婴幼儿空间认知能力的提高;而手部动作在婴幼儿与环境的相互作用过程中则发挥着重要的中介作用。动作的发展使婴幼儿具备了更广阔的活动空间,可以去获取感知觉信息,从而促使其认知结构不断高级化、复杂化。

(三)动作培养促进婴幼儿社会性与情感的发展

随着动作能力的发展,婴幼儿活动的空间不断增大,接触的人、事、物越来越多,越来越复杂,婴幼儿与周围人的交往从依赖、被动逐渐向具有主动性转化,这促进了婴幼儿社会性需求的产生和发展,同时也可以诱发婴幼儿语言交流和社会交往能力的发展。随着抓握动作的不断重复,成人也逐渐明白婴幼儿所要表达的意思。这种抓握动作成了一种语言符号,表达特定的意义,从而促进了言语交流的形成,也让婴幼儿实现了与周围人的交流和交往。此外,在动作发展过程中,婴幼儿逐步将自己同其他事物区分开,初步建立起主体和客体概念,这促进了婴幼儿的自我认知、自我体验、自我监控的发展。

(四)动作培养促进婴幼儿多种能力的发展

对于个体来说,动作具有保障生存与促进发展的双重价值。动作敏捷、有力的婴幼儿能更好地应对生活中出现的各类可能带来生命和健康受损的危险情景。同时,从小获得全面动作培养的婴幼儿能更好、更早地进行生活自理能力的发展,在未来的幼儿园、中小学学习和社会生活中能更有自信地解决自己的日常生活问题。

此外,动作能力也是学习能力的重要组成部分,婴幼儿期培养、发展起来的双手精细动作、粗大动作等,是婴幼儿将来进入幼儿园、小学学习非常需要的书写能力、身体自控能力和体育运动能力的重要基础。

典型案例

婴幼儿精细动作发展测验

【测验目的】

通过测验了解婴幼儿小肌肉动作的随意性、控制能力、手眼协调程度。

【测验内容】

剪彩虹。

【测验准备】

人手一份彩虹（皮球或其他线条简单的玩具）简笔画，人手一把小剪刀。

【测验步骤】

1. 明确要求。

教师指导语：请你们用剪刀把图上的彩虹剪下来，在背后写上名字，交给老师。

2. 婴幼儿操作，教师巡视。

【评定标准】

根据所剪线条的光滑程度、弧度转变的准确自如程度和剪下的形象与原形象的吻合程度进行评定。

资料拓展

动作在婴幼儿心理发展中的作用

动作在婴幼儿心理发展中的作用一直是发展心理学中的一个重要问题。几个世纪以来，不少哲学家和心理学家都从不同的角度探索过动作在心理建构中的重要作用。比如：瑞士心理学家皮亚杰认为，婴幼儿心理起源于主体对客体的动作。在感知觉领域里，伯克利、赫布等认为是幼儿自发的动作活动，才使得其精准的大小、形状、深度、方位的空间知觉成为可能。在情感方面，贝格曼认为动作渠道在婴幼儿情感发展中起着关键作用，如它能使婴幼儿对自我功效产生新的认识，能促进家庭内情感动态系统的不断建构与重组等。

开放话题

近些年，"安吉游戏"成为学前领域的热词，很多幼儿园也仿照安吉游戏制定自己的园本课程。在婴幼儿的动作发展上，户外游戏的作用不言而喻，但是有些家长认为户外运动存在危险，比如踩高跷、滚轮胎等，因此总是限制孩子的户外运动。

对此，如果你是老师，你会怎么和家长解释？

第二节 婴幼儿动作发展的规律与特点

一、婴幼儿动作发展的规律

大多数婴幼儿动作能力的发展会呈现相同的顺序，即从简单到复杂、从局部到整体、从片面到全面的顺序，并出现在大致相同的年龄。虽然在动作发展的方式和速度上会存在个体差异，但总体呈现出一定的发展趋势，主要表现在以下几个方面：

（一）首尾律

婴幼儿动作发展遵循由头部到尾端的发展顺序。婴幼儿首先发展与头部相关的动作，然后是躯干部动作。婴幼儿先学会抬头，然后俯撑、翻身、坐、爬，最后学会站立及行走。这种趋势也表现在一些单一动作的发展上。比如，婴幼儿在学习爬行的过程中，首先借助手臂的力量匍匐，然后才逐渐借助腿部、膝盖进行爬行，最后学会手足爬行。

（二）近远律

动作发展遵循由身体中心向四肢远端发展的顺序。婴幼儿动作的发展先从头部和躯干部分开始，然后发展双臂和腿部动作，最后是手部的精细动作，也就是靠近身体中央部分的动作先发展，然后边缘部分的动作再发展。

（三）大小律

婴幼儿动作发展遵循先发展大肌肉粗大动作，再发展小肌肉精细动作的顺序。粗大动作是指活动幅度较大的动作，即大肌肉群的动作，如抬头、坐、站立、走、跑等。精细动作是小肌肉群的动作，如吃饭、穿衣、涂色等。（见表3-1）

表3-1 动作技能发展

	0~12个月	13~24个月	25~36个月
大肌肉动作技能	1. 不需支撑而坐 2. 爬行 3. 不需协助站立 4. 需协助行走 5. 学大人滚动球	1. 独自行走 2. 倒退行走 3. 捡球而不摔倒 4. 推拉玩具 5. 上下楼梯 6. 随音乐律动	1. 向前跑 2. 两脚同时跳跃 3. 借帮助单脚站立 4. 用脚尖行走 5. 向前踢球

续表

	0～12个月	13～24个月	25～36个月
小肌肉动作技能	1. 放东西到嘴里 2. 用拇指和另一根手指去捡东西 3. 把物体从一手换到另一手 4. 丢、捡玩具	1. 叠3块积木 2. 穿4个环在木条上 3. 把5个木块放在填塞板上 4. 一次翻2～3张书页 5. 用笔乱涂 6. 打结 7. 丢小球 8. 用整只手的运动画图画线	1. 穿连4颗大珠子 2. 一次翻1张书页 3. 用剪刀剪东西 4. 用手指拿笔 5. 习惯用单手做活动 6. 模仿画圆圈、直线、横线 7. 用手腕的运动画点、线、圆圈 8. 扭、捣、挤、拉黏土

（四）无有律

婴幼儿动作发展呈现先以无意识动作为主，逐步发展到以有意识动作为主的顺序。随着年龄增长，婴幼儿动作发展越来越多地受心理、意识支配，动作也从无意动作向有意动作发展。婴儿早期的动作多为无意动作，比如，前期婴儿会用手去抓握玩具、抚摸玩具，但是这是毫无目的、纯粹的无意动作。四五个月以后的婴儿再伸手抓玩具，是有了简单的目标和方向的有意动作。

典型案例

星星的妈妈发现，星星在不满4个月时很爱抓握别人的手指。但是当星星6个月时，他不爱抓别人的手指了，开始抓握一些自己视野范围内的物品，比如玩具、小毯子等。

分析：这是因为婴幼儿的动作发展先以无意识动作为主，抓握手指属于他的条件反射动作；四五个月后，婴幼儿的有意动作增加，会有意识地去够他身边的物品。

（五）泛化集中律

婴幼儿最初的动作是泛化的、全身性的、笼统的，以后才逐步向局部的、准确的、集中的、专门化的动作分化。比如，把毛巾放在2个月的婴儿脸上，就会引起全身性的乱动；5个月时，婴儿开始出现比较有定向的动作，双手向毛巾的方向乱抓;而8个月的婴儿能毫不费力地拉下毛巾。

> **资料拓展**
>
> **婴幼儿动作发展的基本规律**
>
> 美国心理学家格塞尔最先对婴幼儿动作发展的规律进行了详细而全面的描述,提出了婴幼儿行为发展的五条原则,即:发展方向的原则、个体成熟的原则、相互交织的原则、机能不对称原则和自我调节波动原则。其中,前两个原则揭示了婴幼儿动作发展的总体态势和内部机制,后三个原则对动作发展过程的动态特征和作用规律进行了描述。总的来讲,格塞尔认为:婴幼儿动作发展不是随意的,而是按照一定的方向、有系统、有秩序地进行的;这一过程主要由成熟因素所控制;而总体发展过程呈现为一种在稳定和不稳定之间有规律地波动的进程。格塞尔的观点对于揭示婴幼儿心理发展与行为发展规律有重要意义,但他过分强调生理成熟,忽视外界环境在婴幼儿动作发展中的作用,这是不科学的。

二、婴幼儿动作发展的特点

(一)发展迅速

0~3岁是神经系统和运动系统发育最快的阶段。作为动作最直接的生理条件,神经系统、运动系统等的迅速成熟为婴幼儿动作的发展提供了条件。在整个婴幼儿期,婴幼儿表现出了动作学习能力强、动作技能掌握快的显著特点。

在粗大动作方面,新生儿还没有任何自主动作;2~3个月,婴儿开始出现一些局部动作;4~5个月能够翻身;6~7个月学会坐;约9个月时能扶着其他物体站起来;1岁左右学走路,能够逐渐独自站立及行走;2岁左右学会双脚原地跳、原地踢球等,并且很少摔跤;其后,又陆续学会越过小障碍,单独上下楼梯;3岁时,能学会一些较复杂的动作,如单脚跳。

在精细动作方面,2~3个月的婴儿只会抚摸放在他手上的东西,不能自主抓握;4~5个月后,婴儿手眼协调动作发生了,能将视觉、触觉等感知觉配合行动,从而准确地抓住物体;1岁之后,幼儿发展了更为熟练的手部动作,开始会用工具,能够按照用具的特点来使用它,并且能够根据使用时的客观条件改变动作方式;2岁左右学会抛物、接物、掷物等难度更大的动作;3岁以前,如果成人提供合适的教育环境,幼儿可以学会基本的生活自理动作。

(二)协调性差

由于婴幼儿神经系统和运动系统发育的整体水平较低,对空间位置的辨别力差,距离知觉还不够准确,所以动作显得不协调,且年龄越小,则协调性越差。婴幼儿的动作通常需要多个运动器官或组织共同参与,所以当婴幼儿学习一个新的动作技能时,如果身体各运动器官之间不能很好地配合,动作就会显得极不协调。比如,刚学习走路时,因为上肢、躯干、下肢的控制不能协调一致,婴幼儿跌跌撞撞,动作十分笨拙。婴儿在3个月开始抚摸物体时,眼睛不看手,眼睛与手的动作是不协调的;4~5个月时,婴儿看到东西就想伸手抓抓摸摸,但是大多数时候因为手眼不协调而拿不到东西;到5~6个月时,由于手眼的协调,婴儿看到物体就能准确地抓住。

(三)随意性低

婴幼儿动作的随意性低与额叶发育相对滞后有关,因为额叶控制着人行为的随意性和自觉性。与大脑皮层其他分区的发育情况相比较而言,婴幼儿期大脑额叶发育相对滞后,因此,婴幼儿对自己动作的自主控制能力低,缺乏对活动过程的计划。随着大脑额叶的逐渐发育,婴幼儿动作的随意性会得到改善。另外,婴幼儿的动作受情绪、兴趣等非认知因素的影响大,对感兴趣或能够引起积极情绪的动作能持续比较长的时间;反之,婴幼儿动作就会发生改变。

(四)精确性差

受整个身心发展水平低的局限,婴幼儿动作的精确性相对较差,主要表现在对动作的空间定位、时间把握不准确。例如:婴幼儿在抛掷物体时,一般都不能将物体准确抛掷到预计的目标;婴幼儿在进行绘画、书写等活动时,所绘写的线条、形状往往显得比较混乱歪曲(图3-1)。这些具体表现都说明婴幼儿动作的精确性较差。

图3-1 一岁半幼儿画的鸟和乌龟

资料拓展

　　所有婴幼儿的动作发展都遵循着一定的发展秩序，拥有共同的发展特点，但具体到每一个婴幼儿，其发展速度各不相同。例如，婴幼儿在学会站之前，必先学会爬，但每个婴幼儿学会爬行的时间各不相同。我国婴幼儿由于文化背景和抚养方式的原因而普遍比美国婴幼儿晚1~2个月学会爬行，而目前我国婴幼儿有的没有经过明显的爬行阶段，就直接学会了站立和行走。因此，婴幼儿动作的发展具有个体差异性，不能一概而论。

典型案例

　　小贝2岁了。她的妈妈说："孩子平时走跑跳跃、爬上爬下都很能干，就是用笔绘写的能力较差，除了能歪歪扭扭地画一些简单的线条，还不能画出一个像样的图形。眼看着就要上幼儿园了，真让人着急。"
　　小贝这种情况属于正常表现吗？你怎样评价小贝的这一发展情况？

开放话题

　　在绘画时，很多家长认为画得像就是画得好，因此从孩子能够握笔开始就让他们临摹，教他们各种简笔画。但也存在一种相反的观点，认为婴幼儿绘画就是培养他们的兴趣与创造力。你赞同哪种观点？为什么？

第三节　婴幼儿动作发展的照护

一、婴幼儿动作领域学习与发展的主要内容

（一）无条件反射性动作

　　无条件反射性动作是指婴幼儿与生俱来的先天性反射动作，主要表现为固定的刺激作用于一定的感受器引起的恒定活动。个体最初的动作是一系列先天的无条件反射，这些无条件反射动作虽然会随着婴幼儿的生长发育逐渐消失，但是它们是个体形成条件性动作的自然前提，对婴幼儿适应后天的环境具有积极的作用。婴幼儿的先天性反射动作主要包括觅食反射、吸吮反射、抓握反射、

击剑反射（强直性颈部反射）、迈步反射（踏步反射）、游泳反射、惊跳反射（莫罗反射）以及巴宾斯基反射（见图3-2）等。

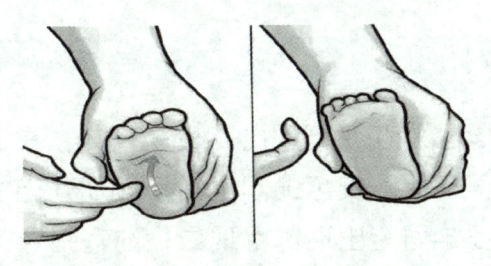

图3-2 巴宾斯基反射

婴幼儿的这些先天性反射动作，不仅对新生儿时期的生命安全具有一定的保护作用，而且为新生儿适应新环境以及后天的运动能力打下了基础，促进了婴幼儿以后的抓握、爬行、行走、平衡等能力的发展。

资料拓展

先天反射活动

新生儿先天反射活动远比我们想象的要多。研究发现，新生儿阶段的反射活动有40多种，常见的则有20种，可以分为以下几类：①对新生儿有明显生物学意义，即生来就有，而后永远保持的反射，比如定向反射、吞咽反射等。②对新生儿无明显生物学意义，即生来就有，而后逐渐消失的反射，比如抓握反射、吸吮反射等。这些反射是个体形成条件性动作的自然前提，对婴幼儿适应后天的环境具有积极的作用。③具有临床诊断价值的病理反射，如巴宾斯基反射。

（二）条件反射性动作

条件反射是在无条件反射的基础上建立的，是指并无任何联系的两个事件，因为长期一起出现，以后，当其中一个事件出现时，便不可避免地同时出现另一个事件，是有机体因信号的刺激而发生的反应。比如，妈妈每次在哺乳前先用手轻轻抚摸孩子的前额，一段时间之后，只要妈妈轻抚孩子的前额，孩子就会做出吸吮的动作并分泌唾液。

（三）粗大动作

粗大动作指的是大肌肉或大肌肉群活动引发的动作，是头颈部、躯干和四肢幅度较大的动作，主要包括抬头、抬胸、翻身、坐、爬、站、走、跑、跳、钻、攀登、下蹲等动作。

> **开放话题**
>
> 　　婴幼儿在成长阶段喜欢在不同属性的物体（如：桌子、沙发、水坑）上蹦跳、攀爬，我们如何在保障安全的同时给予婴幼儿自主探索的机会呢？同时，在婴幼儿成长过程中可能出现扰民现象，你有指导家长正确处理邻里关系的妙计吗？

（四）精细动作

精细动作，又叫小肌肉精细动作，是个体主要凭借手和手指等部位的小肌肉或小肌肉群的运动，在感知觉、注意等心理活动的配合下完成特定任务的动作能力。婴幼儿的精细动作主要包括抓握动作、双手协调动作、手眼协调动作等。

二、婴幼儿粗大动作发展的照护

婴儿出生后第一年是粗大动作发展最快的阶段。婴幼儿粗大动作的发展主要表现在身体基本姿势的发展和位移能力的发展两方面。

（一）身体基本姿势发展的照护

姿势的发展使人能保持身体平衡，并在环境中维持一个特定的身体方位，是很多动作技能发展的条件。

1. 抬头

根据动作发展的顺序和规律，头颈部动作是最先发展的。新生儿还不会抬头，慢慢地才学会左右转头、竖直抬头和俯卧状态侧抬头；到 2 个月时才能稍稍抬起头和前胸部；3 个月时才能够把头立稳，且能坚持较长时间；4 个月时，脖子能够基本支撑起头部。

成人可以对婴儿进行俯卧抬头训练，来促进婴儿抬头能力的发展。成人将婴儿以俯卧的姿势放在床上，发展孩子转头、抬头的动作。俯卧抬头训练开始只练 10～30 秒，随后逐渐延长时间，根据婴儿的发展情况灵活安排。俯卧抬头训练还可以与竖抱抬头训练相结合，使婴儿头部靠在成人肩上，自然竖直片刻。

2. 翻身

这是继婴儿抬头挺胸动作后的又一个新动作，是婴儿人生中最早的"大型"自主运动。通常情况下，婴儿身体各部分发展到足以支撑他翻身时，他们才能够轻松地自主翻身。

成人可以对婴儿进行翻身训练，来促进婴儿翻身能力的发展。婴儿学习翻身的时机在出生4～5个月后。这个时候，婴儿的颈部已经具备自主转头、抬头的能力，肩膀、手臂和手腕的力量变大，具有一定的支撑能力。翻身训练可帮助婴儿学习控制关节，强化肌肉，逐渐掌握如何协调四肢、头部及躯干。最初，成人可帮助婴儿练习"翻半身"，就是将婴儿从仰卧状态推到侧卧状态，再回到仰卧状态，反复练习这个动作，锻炼相关运动器官的力量和协调性。经过一段时间训练，婴儿能够从翻半身发展到自主完整翻身的水平，能自如地从仰卧翻身成俯卧，或从俯卧翻身成仰卧。当婴儿能够完成完整的翻身动作后，家长可以用手推动婴儿臀部，鼓励婴儿连续翻身。

3. 坐

这是婴儿继翻身之后另一个具有标志性意义的基本动作。婴儿从6个月左右开始学会独立的坐姿，但坐不稳，有时会倒向两边。7个月左右时，婴儿不需要成人帮助，自己就能坐稳，坐着还可以做其他事情，比如扭转身体去拿自己想要的东西。到了8～9个月时，坐姿基本已经没有问题了。

成人可以对婴儿进行坐的训练，来促进婴儿坐的能力的发展。从4个月起，成人可以每天和婴儿玩仰卧拉坐起游戏。当婴儿仰卧时，家长握住婴儿的双手腕部，面对婴儿，慢慢将婴儿从仰卧位拉到坐位，然后再慢慢让婴儿躺下去，每次可以连续做两个八拍。在婴儿能稳定独坐后，家长可以提供一些有趣的玩具给婴儿玩耍，让其每天坚持独坐练习。

典型案例

起来坐坐（0～1岁）

【游戏目的】

锻炼上身身体配合的力量，练习腰背部肌肉。

【游戏过程】

1. 早教人员将婴儿放在柔软的地垫上，双手扶着婴儿的双肩，边说"宝宝起来坐坐"，边帮忙向上拉起。

2. 早教人员边说"宝宝躺一躺"，边把婴儿放在地垫上。如此反复几次。

3. 待婴儿知道配合用力后，早教人员可以拉住婴儿的肘部和前臂，边说"宝宝起来坐坐"，边让婴儿坐起来；重复2。

4. 早教人员可以让婴儿抓住成人的食指，边说"宝宝起来坐坐"，边让婴儿坐起来。

【游戏指导】

这是一个拉坐游戏。游戏最初，早教人员是用双手扶着婴儿的双肩开始拉坐，逐渐过渡到婴儿抓住成人食指，借力坐起。这样的练习是循序渐进的过程，一次不要练习太久，以免婴儿太疲劳。

4. 站立

站立是很多动作技能的基础，如行走、跳跃等，都依赖站立的姿势（见表3-2）。一般来说，五六个月的婴儿，在成人的扶持下可以站立；七八个月的婴儿，可以在成人拉着手的情况下站立片刻或者扶着身边可利用的东西站立；9个月以后，多数婴儿能够自己扶着东西站立；10个月以后，多数婴儿可以独自站立；1岁以后，幼儿就能独立迈步行走了。

表3-2 婴儿站立的发展

出生～2个月	出现踏步反射
3～4个月	成人用手扶着婴儿腋下站立时，婴儿的膝关节和髋部往往呈屈曲状，显得无力，站不住
5～6个月	成人用手扶着婴儿的腋下站在地上或站在成人腿上时，婴儿会像一个皮球一样跳上跳下，显得比较兴奋
7～8个月	婴儿能较好地支撑身体，在成人搀扶下能站立片刻，背、腰、臀部能伸直
9个月	婴儿可以自己扶着东西站立
10～12个月	婴儿可以独自站立片刻

成人可以对婴儿进行站立的训练，来促进婴儿站立能力的发展。婴儿刚开始站立，还不是太稳。在婴儿有能力较稳地扶物体站立后，可训练婴儿独自站立片刻。一开始，婴儿可用一只手扶着站，或靠墙站，逐渐使婴儿摆脱依靠独自站立。进行站立训练时，成人要注意在一旁做好保护，并注意站立时间不宜

过长，随着婴儿能力的发展而逐渐延长时间。

> **资料拓展**
>
> ### 扁平足
>
> 已有研究表明，扁平足并不都是病。几乎所有刚生的婴儿都是扁平足，因为他们足部脂肪丰满，足弓尚未完全成形。到了1岁时，为了提高稳定性，他们会将双腿尽量张开且外旋，以增加负重的底面积。因此，脚趾内侧会碰到地面，看起来也是略平足，但这都是生理性的，无须担心，随着年龄的增长会自然消失。在青春期两年发生的疼痛性扁平足和神经性疾病，则需要专门的治疗。
>
> 对于13～18个月的幼儿来说，可以让他们踮起脚尖来走路或站立，如果脚底的内弓呈现出来，则功能正常。

（二）位移能力发展的照护

1. 爬行

爬行是在感官、手、眼以及脚的协调配合下，运用胳膊及手腕的力量支撑起上半身，并调动手部、腿部、臀部等不同的肌肉群，借助上肢和下肢的交替协调运动才能有效完成的动作，是婴儿降生后第一次全身协调运动。通常在5～6个月时，婴儿就开始为爬行做准备了。在8个月左右，婴儿开始学会主动向前爬。9～10个月，婴儿就能慢慢使躯干离开地面，借助膝盖的力量，采用两手、膝盖前后交替前进的方式顺利向前爬行了。

成人可以对婴儿进行爬行训练，来促进婴儿爬行能力的发展。在婴儿刚开始爬行时，家长可在婴儿的面前放些会动的玩具，以引逗他爬行。经过一段时间的练习，如果婴儿俯卧位爬行时只会把头仰起，上肢和腰腹部的力量不能把自己的身体撑起，胸、腰部位不能抬高，腹部不能离床，家长可以把一条毛巾放在婴儿的胸腹部，通过提毛巾给婴儿帮助，使婴儿胸腹部离开床面，全身重量落在手和膝上，反复练习。待婴儿腿部肌肉结实，能支撑身体重量时，也就渐渐地学会爬行了。当婴儿在平地上爬得很好以后，可以训练他们爬上坡、下坡，或在凹凸不平的地方爬行，翻越障碍物等。

> **典型案例**
>
> **快来爬一爬**
>
> 【游戏目的】
>
> 观察乌龟爬行的动作并模仿。
>
> 【游戏准备】
>
> 小乌龟爬行的视频，宽阔的场地。
>
> 【游戏过程】
>
> 1. 教师引导婴幼儿观察乌龟是怎样爬的，并鼓励婴幼儿模仿乌龟爬、伸头、缩头的动作。
>
> 2. 围绕乌龟爬行进行讨论。
>
> 教师：小乌龟是怎样爬的？它爬得是快还是慢？小乌龟除了爬，还会干什么？
>
> 教师鼓励婴幼儿模仿小乌龟的其他动作。
>
> 3. 教师用语言引导：宝贝们，想象一下现在咱们都是小乌龟了，我们应该怎样爬呢？
>
> 教师鼓励婴幼儿试着跟着音乐在地板上慢慢爬行。
>
> 4. 进行比赛，一次比哪个婴幼儿爬得快，一次比哪个婴幼儿学乌龟的动作学得像。

2. 行走

行走是用双脚来移动位置的运动技能。一般来说，1岁左右的幼儿基本上能开始蹒跚独步；14个月左右的幼儿可以熟练走路；15个月左右的幼儿可以自由地行走；18～24月的幼儿能够用脚尖走步，但不稳；2～2.5岁的幼儿能向不同方向走、曲线走，还能上下楼梯。

成人可以对幼儿进行行走训练，来促进幼儿行走能力的发展。当幼儿从扶走逐渐学会独走时，家长可以站在幼儿后方扶住其腋下，或在前面搀着幼儿的双手让其向前迈步，也可以让幼儿扶着手推车学习走步。当幼儿两手扶走比较稳之后，再引导幼儿用一手扶走，最后再逐渐松开扶持物，家长在离幼儿1米左右引逗幼儿向前独走。幼儿学会走路后，视野越来越开阔，也会发展出更多的身体动作需要，成人可以增加行走动作的难度，以满足幼儿的需要。例如，训练幼儿上、下楼梯，训练幼儿在行走中跨越单一障碍、连续障碍，训练幼儿在坡道、弯道、窄路上行走等。

> **典型案例**
>
> **搬家公司**
>
> 【游戏目的】
>
> 训练幼儿行走和搬运的能力，促进大肌肉发展。
>
> 【游戏准备】
>
> 触觉垫、动物手偶、仿真水果、波波球。
>
> 【游戏过程】
>
> 1. 教师将活动用具展示给幼儿，简单地讲解教具的用处以及需要注意的事项。
>
> 2. 教师拿出动物手偶，用讲故事的方法导入活动，告诉幼儿小动物想要吃对面的水果，但是它只有拿着指定物品走过这条小路（触觉垫），完成任务才能吃到。
>
> 3. 教师示范从教室的一端拿物品，走过触觉垫，搬到教室的另一端。
>
> 4. 教师指导幼儿完成任务，一部分幼儿拿波波球，一部分幼儿拿手偶。对于完成度较好的幼儿，可以再让他们取到对面的仿真水果后，返回起点。
>
> 5. 教师可以组织小竞赛，看看哪个幼儿完成得快，但是竞赛中人数不宜过多，且要注意幼儿安全。

3. 跑

3岁以内幼儿的跑实际上是在走的基础上加大步伐和频率的一种行动方式。在13~18个月时，幼儿开始学会跑，但是步伐和节奏都不均匀。2岁左右的幼儿开始喜欢到处跑，也能较好地控制自己的身体平衡。2岁以后，幼儿掌握跑的技能，还可以绕开障碍跑。

成人可以对幼儿进行跑的训练，来促进幼儿跑的能力的发展。一般幼儿会在1.5岁左右开始学习跑。跑的动作可以训练幼儿的下肢力量、身体平衡和身体的灵活性。家长可通过转弯跑、躲避障碍跑、追逐跑等游戏训练幼儿跑的技能。

4. 跳

幼儿的跳表现为双脚离开地面，身体向上腾空的动作。19~24个月的幼儿，能做双脚原地跳跃动作。2岁半时，幼儿能单脚原地跳。2.5~3岁时，幼儿能双脚离地腾空连续跳跃2~3次。3岁左右的幼儿能跳着下楼梯，还能并足跳远。

成人可以对幼儿进行跳的训练，来促进幼儿跳的能力的发展。刚开始练习跳的时候，由成人带着幼儿进行各类跳的运动，让幼儿逐渐适应跳的感觉；然后可以拉着幼儿的双手让他在原地跳；之后可以由大人扶着，让幼儿双膝弯曲跳；熟练后，让幼儿自己从上往下跳一级阶梯。

典型案例

小动物来锻炼（4~6个月）

【游戏目的】

锻炼婴儿粗大动作。

【游戏准备】

儿歌《快乐的小动物》，仿真娃娃。

【游戏过程】

1. 示范互动：可爱的小动物。

教师分别出示小兔、小鱼、小鸟，问："宝宝们，这是谁呀？"

教师用仿真娃娃示范动作。

（1）小兔跳跳：教师半蹲，双手扶住仿真娃娃的腋下，边念儿歌边做动作，"小兔小兔地上跳，跳跳跳，跳跳跳"。

（2）小鱼游游：教师双手扶住仿真娃娃的腋下，腾空抱起，边念儿歌边做动作，"小鱼小鱼水里游，游游游，游游游"。

（3）小鸟飞飞：教师一手托住仿真娃娃的胸前，一手托住仿真娃娃的大腿，将仿真娃娃俯卧状托起，边念儿歌边做动作，"小鸟小鸟天上飞，飞飞飞，飞飞飞"。

2. 亲子互动：和小动物做游戏。

（1）成人和宝宝一起跟着儿歌的节奏拍手，熟悉儿歌。

（2）成人扶着宝宝，跟着儿歌的内容做相应动作。

3. 亲子游戏：学学小动物。

教师念儿歌，成人和宝宝共同做游戏。

【游戏指导】

1. 当教师出示小动物时，成人可重复说小动物的名称。

2. 做小兔跳跳时，成人鼓励宝宝用自己双脚的力量蹬。做小鱼游游时，视宝宝的情绪状态，摆动的幅度可由小到大，速度由慢到快，还可以左右摆动。

三、婴幼儿精细动作发展的照护

0~3岁是婴幼儿精细动作发展极为迅速的时期。这一时期发展起来的许多基本动作,成为后来各种复杂动作的基础。李惠桐等人所做的 3 岁前婴幼儿动作发展调查证明,婴幼儿手的动作在出生后第一年和第三年发展较快,第二年发展较慢,形成了发展的阶段性。出生后第一年,婴幼儿手的动作从什么都不会发展到用手大把抓,拇指和其他四指的抓握,再进一步发展到拇指和食指合作的捏拿,手眼动作越来越协调。出生后第二年只是巩固了在第一年已经掌握的拇指和食指配合的活动以及手眼动作协调。第三年动作更加复杂化,能够逐渐做一些技巧动作,如折纸、画画、搭积木等。婴幼儿精细动作的发展主要表现在抓握动作、双手协调动作以及手眼协调动作的发展等方面。

(一) 抓握动作发展的照护

抓握动作是最基本的手部动作之一,是各种复杂动作的基础。婴儿大约在 2~3 个月时开始出现抓握动作,从不成熟的抓握模式到成熟的"对指抓握"模式,大约在 1 岁时接近完成。

此外,抓握动作的发展是一个比较复杂的过程,受大脑视觉中枢、手的运动中枢的联合支配。婴幼儿抓握动作的发展由无意抓握到主动抓握。正常情况下,新生儿的手呈现拇指在手心的握拳状,手还不能主动地张开,也不会抓住物件,即使抓住了物件,也会不经意地扔掉。当成人用手指触碰他的掌心时,他就紧紧握住成人的手指,这是一种先天性的抓握反射。3~4 个月时,抓握反射消失,婴儿的双手从握拳状变为张开状,手掌大部分时间都是半开着,而不再像以前那样呈握拳状。之后开始出现无意识抓握,即碰到什么就抓什么,碰不到时手就自由挥舞。这标志着婴儿抓握动作的开始。5 个多月时,婴儿的抓握动作逐渐由无意抓握发展为主动抓握,在这一过程中,手眼逐渐协调。

典型案例

来拿玩具 (7~12 个月)

【游戏目的】
发展婴儿抓握能力。

【游戏准备】
软垫,毛巾一条,婴儿可抓握的玩具。

【游戏过程】
1. 成人可让婴儿躺在铺有毛巾的软垫上或小床中(夏天可在干净的木质地板上),或者让婴儿靠在婴儿安全座椅中(记得绑好安全带)。

2. 成人拿一个玩具（最好是大点儿且有声音效果的玩具），放到婴儿眼前约 30 cm 处，引导婴儿发现该玩具，此时成人可发出声音呼唤婴儿并用动作吸引婴儿。

3. 本活动的观察重点：观察婴儿是否有注意到玩具，或尝试做出伸手取物的动作。

【变化延伸】

成人可进一步引导婴儿探索及把玩玩具。

【注意事项】

如婴儿无法达到这个活动目标，成人可用手让玩具发出声音，或呼唤婴儿以吸引其注意，并协助婴儿在一天当中多练习几次。

成人可以通过一些抓握训练来促进婴幼儿抓握能力的发展。成人可以创造条件，利用生活中的各种机会和物品对婴幼儿进行抓握训练，如光滑、细柄的玩具，成人的手指等，都是训练婴幼儿抓握动作的好"玩具"。刚开始，成人可以用玩具或者物体轻轻触碰婴幼儿手的各个部位，引导婴幼儿出现抓握动作，让他体会抓握的感觉。然后逐步让婴幼儿抓一些软硬、粗细、凉热、大小等各类不同属性的物体，让他感受物体特征的不同。成人还可以选择色彩鲜明、可以发声的玩具吸引婴幼儿的注意，把这些玩具放在离婴幼儿脸部 25 cm 左右的地方，鼓励婴幼儿自己用手去触摸。虽然婴幼儿够取玩具经常失败，但是父母也不可代劳，鼓励婴幼儿自己努力。当婴幼儿轻而易举地抓到玩具时，可以逐渐提升玩具的高度或加大距离。在训练中，成人需要根据婴幼儿的发展水平和能力来选择训练内容，并且注意环境的安全性。在婴幼儿抓握动作发展的不同阶段提供不同材质、大小和软硬的物体让婴幼儿操作玩耍（见图 3-3），进而促进婴幼儿抓握动作水平的不断提高。

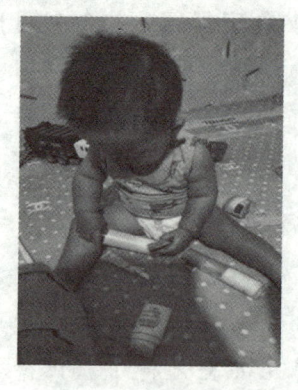

图 3-3　1 岁半幼儿通过盖瓶盖练习抓握

（二）双手协调动作发展的照护

双手协调动作是指同时使用双手操作物体的动作。伴随着双手协调动作的发展，婴幼儿逐渐学会用双手配合拿取、捏、抓、撕、砸、拧、夹、套、拼、画、折纸、镶嵌等动作，手部精细动作也逐渐发展（见表3-3）。

表3-3 婴幼儿双手协调动作的发展

0~3个月	不能用两只手进行协同活动，还没有出现双手协调动作，一般是单手抓握
4~5个月	看到亲人或玩具时，会主动伸出手来抓握和玩弄，而且每只手能各抓住一样东西，并逐渐地能用双手抓住物体并保持在身体中线处
6个月	能双手抓住物体，初步感受物体的大小，并能从一只手摆弄物体到两只手同时摆弄物体。但是这个时期的婴儿抓物时通常会像"狗熊掰棒子"那样，抓住第二次给他的东西而扔掉先拿着的东西
7个月	开始双手摆弄抓到的物体，并能同时摆弄两个物体，还能把双手的物体进行交换；可以将小东西放进大盒子里，把一只手里的东西递到另一只手中
8~10个月	开始学习用手探索所有的东西，可以准确地把大多数固体物质放入口中
10个月	有时会拿着棍子、钩子、耙子等把本来够不到的东西够过来，并且有时会根据要够的东西选择合适的工具
1岁以内	使用工具的时候还不会提前计划使用过程，而是在操作过程中不断调整
12~15个月	会双手合作打开瓶盖，进行两物对敲；也可以用一只手固定容器，另一只手从中取出物体或向其中放入物体
13~18个月	会用双手将两三块积木堆高，能双手捧碗，并试着自己双手配合用勺进食，还能左手扶住纸张，右手抓住笔来涂画
19~24个月	能双手合作把五六块积木搭成塔，并能双手配合把线穿进扣眼
25~30个月	会自己洗手擦脸，能画垂直线、水平线，还能一只手提住书，另一只手一页一页地翻书，会两手配合穿鞋袜、解衣扣、拉拉链等，进行简单的自我服务
31~36个月	能用积木搭成比较形象的物体，能模仿画图，并开始使用筷子等

双手协调配合能力对婴幼儿完成各类游戏、学习和生活活动具有非常重要的意义。婴幼儿在双手摆弄物体的过程中，手部小肌肉群得到了很好的锻炼，

双手动作也越来越娴熟、精细、协调,并逐步形成手和眼的协调动作。

成人可以通过一些双手协调动作训练来促进婴幼儿双手协调能力的发展。

1. 对称的双手协调动作训练

对称的双手协调动作可以有多种训练形式。2~6个月的婴儿可以在成人的帮助下,用双手食指对食指配合玩"斗虫虫"的游戏;7~8个月的婴儿会两只手各抓一个玩具,这时可以训练宝宝双手各拿一个物体对敲;成人可以给双手力量和协调性发展水平不同的婴幼儿提供不同厚薄、不同韧性的纸张,让婴幼儿玩"撕纸"游戏,提高双手的动作水平。

典型案例

做饼干

【游戏目的】

练习撕纸,锻炼双手的精细动作。

【游戏过程】

1. 早教人员出示饼干图样的定形撕纸,说:"今天我们自己来做饼干,看谁的小手最能干。"
2. 早教人员示范把饼干沿小孔撕下来,贴在准备好的盘子里。
3. 鼓励婴幼儿大胆地撕纸。

【游戏指导】

刚开始撕纸时,婴幼儿可能有点儿困难。早教人员可以先帮着撕开一点儿,再让婴幼儿撕纸。

生活中需要用双面贴时,建议家长让婴幼儿来参与动手。

2. 搭积木游戏

积木是婴幼儿非常喜欢的玩具,不仅可以发展精细动作,提高婴幼儿的手眼协调性、抓握能力,而且可以发展婴幼儿的思维、想象能力。婴幼儿一开始是利用积木玩敲敲打打游戏,后来可以双手配合玩"搭塔""搭桥"等游戏。

典型案例

搭积木

【游戏目的】

锻炼幼儿手部精细动作,增强对空间感的认知。

【游戏准备】

各种积木。

【游戏过程】

1. 教师出示教具，引起幼儿兴趣。

2. 教师示范用三块或更多积木搭高。

3. 给婴幼儿每人发一份积木进行练习。重点在于让婴幼儿自己动手练习，引导他们搭高。注意防止他们将积木塞进嘴里。

3. 剪纸游戏

剪纸是婴幼儿喜闻乐见的锻炼不对称的双手协调动作的游戏形式。根据难易程度不同，婴幼儿可以先后完成剪断纸条、剪开纸张、沿着纸上的直线剪、沿着纸上的弧线剪、剪出简单的形状。

4. 穿物游戏

婴幼儿可以玩的穿物游戏，由易到难分别是放物入孔、硬线穿珠、软线穿珠等。为提高穿物游戏的趣味性，放物入孔的游戏可以以"给小猫喂鱼""帮爸爸把信放入邮筒"等形式出现。

资料拓展

左利手与右利手

孩子从出生到1岁多时，左右手的使用频率基本一样，没有明显的偏向；2岁多的时候开始偏向右手；3～4岁时左利、右利有了明显的分化。由于右手在生活、学习中的便捷性更高，于是我们潜意识里将这种用手方式强加给了孩子，所以孩子并不是自然发展的左利手或右利手，而是被成人训练出来的。在婴幼儿时期，孩子还没有形成明显的左利、右利时，精细动作都可以用双手进行，最好是左右手共用。如果孩子6岁之前形成了右利手，也一定要有意识地锻炼孩子的左手，不要让左手就此空闲。

（三）手眼协调动作发展的照护

手眼协调动作是指人在视觉配合下，手的精细动作的协调性，是婴幼儿在抓握动作发展的过程中逐步形成的视觉和动觉的联合协调运动。5～8个月是婴幼儿建立手眼协调的时期，婴幼儿进入了用眼睛指导手的动作以及手功能呈现多样化的发展阶段（见表3-4）。

表3-4 婴幼儿手眼协调动作的发展

刚出生时	没有空间的概念，视线不能停留在任何物体上
2个月时	视线逐渐集中起来，但是视线距离非常有限，只能较清晰地看到距离20 cm左右的物件；只有当物件慢慢地移动，而且移动范围很小时，婴儿的视线才能够追随这个物件
2个月后	开始能够注视物体，并学习控制自己的手，会端详自己的小手或摇晃玩具
3个月时	一个物体在婴儿的视线之内缓慢移动时，他会盯着这个物体。如果觉得这个物体很靠近他，他会伸出手去触碰，但是手的活动范围与视线不交叉
5个月时	开始看自己的手和辨认眼前目标，但是伸手够玩具时往往抓不准
6个月后	手的活动范围开始与视线交叉，能基本准确地抓握，而且会两手互相传递。双眼可以监控双手玩弄物品，但手眼协调能力仍然比较差
9个月时	能用眼睛去寻找从手中掉落的物品，而且喜欢用手拿着小棒敲打物品，尤其喜欢敲打能发出声音的各类玩具与物品
10~12个月	能用手指捏东西，能够理解手中抓着的玩具与掉落在地上的玩具之间的因果关系，因此喜欢故意把抓在手中的玩具扔掉，并且用眼睛看着扔掉的玩具
1岁后	手眼动作已基本协调，已能完成一些基本的操作活动，开始尝试拿笔在纸上涂画，还能翻看带画的图书
18~24个月	出现更高级的手眼协调动作，即独自用五六块积木搭"楼房"，还喜欢拿着笔在纸上画长线条，把水从一只杯子倒入另一只杯子等
3岁以后	手眼协调能力获得大幅度的发展，能够比较准确地拿到视线范围以内的东西

成人可以通过一些手眼协调训练来促进婴幼儿手眼协调能力的发展。

1. 涂鸦画画

发展手眼协调能力的途径和方法虽然多种多样，但对于婴幼儿来说，涂鸦是非常有效的途径。1岁多时，幼儿开始喜欢涂鸦，此时成人需要给幼儿提供涂鸦所需要的物品，还需要用涂色、染色等保持他们的兴趣。成人还可以运用其他有趣的方法来激发幼儿对图画的兴趣,例如手指画、沙画,用涂鸦和画画的方式来促进婴幼儿手眼协调能力的发展。

2. 各类游戏

成人还可以从婴幼儿感兴趣的活动出发,用游戏的方式来锻炼婴幼儿的手眼协调能力。例如,较小的幼儿可以玩撕纸、翻书、套杯子等游戏活动,大一些的幼儿可以玩拼图、撕纸、开锁、穿珠子、搭积木等游戏活动,这些都是促进婴幼儿手眼协调能力发展的良好途径。

典型案例

瓶子里面有什么(2~3岁)

【游戏目的】

锻炼幼儿拧的动作。

【游戏准备】

石头、珠子、黄豆、塑料瓶。

【游戏过程】

早教人员出示几个分别装有石头、珠子、黄豆的塑料瓶,摇动瓶子,让幼儿猜猜里面是什么。待几个孩子猜过后,早教人员示范将瓶盖打开的动作,倒出瓶子里面的东西。早教人员再示范将东西装入瓶子,并盖上瓶盖。邀请幼儿和成人一起来用其他物品装瓶子,并继续摇一摇和猜一猜的游戏。

【游戏指导】

游戏过程中注意提醒幼儿不要吞食物品,让幼儿多动手操作。刚开始拧瓶盖时,幼儿可能会辨别不清旋转方向。成人不必催促,让幼儿多尝试几次就好了。

四、婴幼儿动作发展的照护策略

(一)遵循生理成熟规律

婴幼儿的动作是多种身心因素协同活动的结果,动作能力水平的提高也是多种身心因素不断发展的结果。所以,在进行婴幼儿动作培养过程中,必须遵循生理和心理成熟的规律,适时施教,注意练习的时间和次数,不要盲目追求运动量和运动强度。如果在动作培养过程中盲目进行超前、超量的训练,不仅很难产生预期的效果，还可能对婴幼儿的健康发展造成损害。比如：过分超前进行高强度的行走训练，虽然有可能让婴幼儿提前几天学会独立行走，但更有可能对婴幼儿腿部骨骼、肌肉的发育带来不利影响；过早进行形体与舞蹈训练，很有可能给婴幼儿的身体发育带来负面的影响，损害婴幼儿的骨骼和肌肉。因此，训练过程要循序渐进，动静交替，简繁搭配。

（二）保护和激发内在动机

在成长过程中，婴幼儿学习动作的内在动机会随着身心素质的发展自然表现出来。5～6个月的婴儿总喜欢在大人的扶持下做出蹦跳的动作；8～9个月的婴儿表现出开始行走的强烈愿望，学会独立行走的婴幼儿总想挣脱大人的扶持，自由地走、跑；1岁左右的婴幼儿在进餐时总想抢夺大人手上的餐具，自己进食。对于婴幼儿表现出来的动作学习的内在愿望，成人要善于发现并创造合适的条件和机会予以满足，切忌因为照顾、保护过度而使婴幼儿错失了学习动作的关键时机。一些重要的动作技能，如果婴幼儿没有内在的学习愿望，我们要善于通过有趣的形式激发其内在的学习动机，在婴幼儿情绪良好的情况下进行训练。成人可以选择游戏、同伴示范、有吸引力的玩具等，有意识地激发婴幼儿的学习动机，并及时给予婴幼儿鼓励。

（三）融于日常生活

家长要善于从婴幼儿的日常生活中发现有利于发展其动作技能的生活内容，将科学的训练方法运用于婴幼儿日常生活的各个环节，如吃饭时鼓励幼儿自己使用餐具进食，睡觉前后鼓励幼儿自己脱穿衣服，外出散步时在没有安全隐患的情况下鼓励幼儿自己走、跑、跳等。家长切忌包办代替，否则会剥夺婴幼儿动作学习、锻炼的机会。

资料拓展

亲子教育中的误区

1. 决策替代：为孩子做了大部分甚至是所有决定，导致孩子没有决策习惯，成为无主见的孩子。

2. 人格替代：把自己的理想与追求标准转化为对孩子的要求，使得孩子成为自己的人格奴隶。

3. 压力缺失：缺少给孩子施加适度的内在压力的游戏、见识、特定任务项目，使孩子难以发挥潜力，无法获得新的自我认知。

4. 行动抽离：圈养、空想的教育方式，使婴幼儿远离自然，缺少丰富环境的刺激，缺少亲身体验活动、与外界主动交流的机会。

5. 欠缺规矩：大部分家长只满足于或者只知道让孩子生活在亲友规则、私人化熟人规则中，而未提供适当的职业化熟人与陌生人规则的训练。

（四）善于创设和使用环境、材料

婴幼儿容易受环境的影响，丰富的环境、多样的材料既能激发婴幼儿学习动作的兴趣，又能满足婴幼儿多种动作能力学习的需要。成人应该根据婴幼儿的年龄、动作发展的需要和水平，为婴幼儿创设丰富的生活、学习环境，准备多样化的材料。

> **开放话题**
>
> 带婴幼儿远距离出行是一大难题。对于照护者来说，在携带大量用品的同时还要保证婴幼儿安全。除此以外，还要安抚婴幼儿情绪、解决旅途中的人际纠纷等。你认为社会对此可以做出哪些支持？

（五）关注个别差异

婴幼儿因为遗传素质、教育环境等各种先天或后天影响因素的不同，其动作发展的速度和水平具有显著的个别差异性。成人要正视婴幼儿动作发展出现的这种个别差异，不对婴幼儿进行盲目的横向攀比，为每个婴幼儿确立符合他们实际的、个性化的发展目标，因材施教，使训练有针对性。

> **开放话题**
>
> 卢梭在《爱弥儿》中曾经提到学步车会限制孩子学步，认为孩子应该是在摔跤中掌握行走的本领的。当然，也有一些说法认为学步车是帮助孩子学会走路的重要工具。在我国，其销量也一直不错。对于这个现象，请简要谈谈你的想法。

第四节　婴幼儿动作发展照护实务

一、婴儿期动作发展照护实务

（一）新生儿反射性动作的照护实务

照护人员应多带新生儿做反射性动作，巩固和发展无条件反射，并逐步建立条件反射。

1. 踏步反射训练

照护者把手从婴儿（仰卧）正面的双侧腋下穿过（拇指留在前侧，其余四根手指在背部），把婴儿竖立抱起，使婴儿呈站立姿势。照护者间歇性提起婴儿，使婴儿双脚接触和感受地面，婴儿逐渐适应后，做出迈步动作，照护者轻缓地向前移动婴儿，使其迈步向前走。

2. 触摸抓握训练

用婴儿可以抓满手的东西（铃铛、海绵、橡皮玩具等）塞满婴儿两手，待其两手张开后，再把东西塞进去，让其反复练习握掌伸掌的动作。

3. 内耳前庭训练

可进行坐小船游戏（照护者将婴儿抱在怀里盘腿坐，让婴儿随着成人身体左右缓慢摇摆）。游戏时间应选在两餐之间且婴儿心情愉悦时，避免发生呕吐或引起婴儿惊慌。

（二）婴儿粗大动作发展的照护实务

1. 做操

婴儿被动操适用于2～6个月婴儿，婴儿主被动操适用于7～12个月婴儿，可选择在喂奶后1小时进行，每天做1～2次，每次控制在15分钟左右。做操时少穿些衣服，可配上音乐，也可在户外锻炼。一旦婴儿哭闹，不愿意继续，应立即停止。

2. 翻身

在帮助婴儿练习翻身时，婴儿侧卧后，应让婴儿休息一会儿，再用同样的方法向另一侧侧卧。练习过程中，如果婴儿出现反抗、哭闹，应该抱起来安抚，切不可一味蛮干。婴儿完成侧卧后，照护人员要即时给予鼓励。同时，还可采用浴巾翻身、花样翻身等形式，增加练习的趣味性。

3. 坐

婴儿6个半月左右就可以独自坐着玩耍了。这个时候，照护人员可以让孩子靠着沙发或在床边坐着，并在他的后面放一个靠垫，防止婴儿摔倒，同时也帮助他们缓解腰部的疲劳。每隔15分钟左右，成人帮助或提醒他换一个姿势，以免长期保持一个姿势太累。

4. 游戏

照护人员通过一些地板游戏帮助婴儿进行粗大动作和精细动作的发展活动（如：在婴儿爬行垫上摆放能发光、发声的玩具，引逗婴儿去看、听和摆弄玩具，可以让婴儿练习趴、双手摆弄物体的动作）。

（三）婴儿精细动作发展的照护实务

0~6个月婴儿抓握能力的训练方法有：

1. 抓握手指

成人把一根手指放在婴儿的手掌心，婴儿会自主地紧紧抓住成人的手指，这时成人可抽拉手指，以锻炼婴儿的抓握能力。

2. 玩捏响玩具

把软胶材质的捏响玩具（如可捏响的仿真水果、动物、汽车等）放在婴儿手里，让其自由抓握，使玩具发出声响，以提高婴儿的抓握兴趣。

3. 抓拉悬物

在婴儿摇篮上方伸手可以够到的地方悬挂一个玩具，成人拍拍玩具逗引婴儿，引导婴儿跟着抓一抓、拉一拉玩具。注意：在这一过程中要不断更换玩具及其位置。

二、幼儿期动作发展照护实务

（一）幼儿粗大动作发展的照护实务

1. 三浴锻炼

成人要帮助幼儿培养良好的体魄，为其动作发展奠定基础，其中帮助幼儿进行"三浴锻炼"是非常重要的。"三浴"即日光浴、空气浴、水浴。日光浴宜在气温22℃以上进行，开始每次10~20分钟，逐渐增加时间，一天以2小时为宜。空气浴宜在气温25℃以上进行，每次5~10分钟，逐渐增加时间，一天以2小时为宜。水浴室温20℃以上，水温35℃~40℃，在水中的时间为7~12分钟。

2. 户外游戏

户外游戏是锻炼幼儿粗大动作的重要途径。首先，每日要安排适宜幼儿强度、频次的大运动活动，保证幼儿每日室内外活动时间不少于 3 小时，其中户外活动不少于 2 小时。寒冷、炎热季节或雨雪、大风、雾霾等特殊天气情况下，可酌情调整并制定特殊天气活动方案。其次，照护人员务必确保活动环境和材料安全、卫生。如：注意户外场地有无凹坑、玻璃、碎砖、水池或带棱角的花坛；不要让幼儿去触弄带刺的植物或采摘小果子，以免刺伤或误入呼吸道发生意外；不要让幼儿搬运过重或影响视线的桌子、器械、玩具等，以免发生意外。再次，做好运动中的观察及照护。如：在户外活动时，多位照护人员应分工站位（面对面围着幼儿站成三角形），以方便观察幼儿，发现幼儿需求。

3. 站

有的婴幼儿能够独自站立的时间比其他婴幼儿稍晚，成人不必过分着急，一定要参考婴幼儿其他方面的发展情况以及婴幼儿的身体健康状况来看待和评估，不可过早让婴幼儿学习站立。如果过早学习站立，可能会因为骨骼的发育还没有达到承受自身重量的程度而导致双腿弯曲，形成 X 型腿或 O 型腿。

4. 走

在婴幼儿学走路的过程中，成人应为孩子选择舒适的鞋子。鞋子要尽量选择有纽扣或绑带的、大小合适的，鞋底要薄厚适中，还要柔软、透气。慎选"发光鞋""叫叫鞋"，不仅干扰婴幼儿脚和腿的感受，不利于婴幼儿足弓和骨骼发育，也容易发生误食鞋内小零件的危险。

（二）幼儿精细动作发展的照护实务

1. 材料的准备

成人在幼儿手部动作形成及发展的过程中，需要为其提供材质、形状、大小、温度等不同的物体，如提供毛绒玩具、小汽车、纸张等，让幼儿抓握，引导他们感受物体之间的差距，也可以让幼儿玩一些撕纸、翻书、套杯子、穿珠、搭积木等需要眼与手同时参与的游戏，以此促进幼儿手眼协调能力的发展。（见图 3-4）

2. 玩具的选择

在练习和游戏的过程中，玩具的选择是至关重要的一环。以下是玩具选择的一些注意事项：

（1）幼儿在把玩过程中会接触甚至啃咬玩具，所以要选择干净卫生、无毒环保的玩具。

(2) 不要选择体积过小的玩具，容易被幼儿吞咽，造成窒息。

(3) 不能选择有锐利边角的玩具，其外观和边缘必须光滑平整。

(4) 幼儿玩具不能带有长绳，以免缠绕幼儿脖颈或肢体，发生危险。

(5) 发声玩具要声音柔和，尖厉的声音会损伤幼儿听力。

图 3-4 一岁半幼儿利用生活用品锻炼精细动作

本章小结

本章主要学习了婴幼儿动作发展的相关内容，包括动作的概述、动作发展的规律与特点、动作发展的照护。

动作是个体具有一定动机和目的并指向一定对象的运动。婴幼儿动作发展具有首尾律、近远律、大小律、无有律、泛化集中律等规律，以及发展迅速、协调性差、随意性低、精准性差的特点。

动作培养对婴幼儿发展具有重要意义，在对婴幼儿动作发展进行指导时要掌握一定的策略，主要从婴幼儿的粗大动作和精细动作两方面进行指导。

巩固练习

一、选择题

1. 婴幼儿在绘画时，画的线条一般来说都是歪歪扭扭的，这是由于婴幼儿动作缺乏（　　）。

A. 随意性　　　　B. 精准性　　　　C. 协调性　　　　D. 发展性

2. 婴幼儿的动作受（　　）系统的支配。在它的支配下，身体各运动器官产生相应的动作。

A. 神经　　　　B. 消化　　　　C. 循环　　　　D. 运动

3. 婴幼儿的动作发展具有一定的顺序。在动作发展中最后出现的是（　　）的精细动作。

　　A. 双臂　　　　B. 腿部　　　　C. 腹部　　　　D. 手部

4. 婴幼儿动作的随意性低与（　　）发育相对滞后有关。

　　A. 额叶　　　　B. 脑干　　　　C. 前运动区　　D. 前额叶

5. 下列属于位移能力发展的是（　　）。

　　A. 抬头　　　　B. 翻身　　　　C. 跳　　　　　D. 站立

6. 婴幼儿的动作受情绪、兴趣等非认知因素的影响大，对感兴趣或能够引起积极情绪的动作能持续比较长的时间，这体现了婴幼儿动作发展的哪种规律？（　　）

　　A. 随意性　　　B. 精准性　　　C. 协调性　　　D. 发展性

7. 受到突如其来的噪声刺激，或者被猛烈地放到床上，新生儿就会立即把双臂伸直，张开手指，弓起背，头向后仰，双腿挺直，这种反射动作被称为（　　）。

　　A. 莫罗反射　　B. 迈步反射　　C. 击剑反射　　D. 抓握反射

8. 摇一摇新生儿足底外侧边缘，他的脚趾会呈扇形张开，然后会向里弯曲。满6个月后，这种反射逐渐消失，再摇婴幼儿的脚心时，他的脚趾会向里弯曲。这种反射动作被称为（　　）。

　　A. 觅食反射　　B. 惊跳反射　　C. 吸吮反射　　D. 巴宾斯基反射

9. 下列活动不是重点发展婴幼儿精细动作能力的是（　　）。

　　A. 系纽扣　　　B. 使用剪刀　　C. 双手接球　　D. 系鞋带

10. 手眼协调出现的主要标志是（　　）。

　　A. 抓握反射　　　　　　　　　B. 伸手能够抓到东西
　　C. 手的无意性抚摸　　　　　　D. 无意的触觉活动

11. 下列最能体现幼儿平衡能力发展的活动是（　　）。

　　A. 跳远　　　　B. 跑步　　　　C. 投掷　　　　D. 踩高跷

二、简答题

1. 请简述婴幼儿动作发展有哪些规律。
2. 请回忆一下新生儿有哪些先天性反射动作。
3. 促进婴幼儿动作发展的照护策略有哪些？

第四章

婴幼儿认知发展与照护

学习目标

知识目标：

1. 明晰认知以及婴幼儿认知的概念；
2. 了解认知培养对婴幼儿发展的意义；
3. 掌握婴幼儿认知发展的规律和特点；
4. 了解婴幼儿认知发展的主要内容。

技能目标：

1. 能够熟练应用婴幼儿感知觉、概念掌握、数理逻辑的指导策略培养婴幼儿认知的发展；
2. 能够与家长沟通，帮助家长了解婴幼儿认知的发展，更新家长的教育观念。

素养目标：

培养起对幼教事业的热爱，做理念正确、有方法的幼儿教师。

一、知识图谱

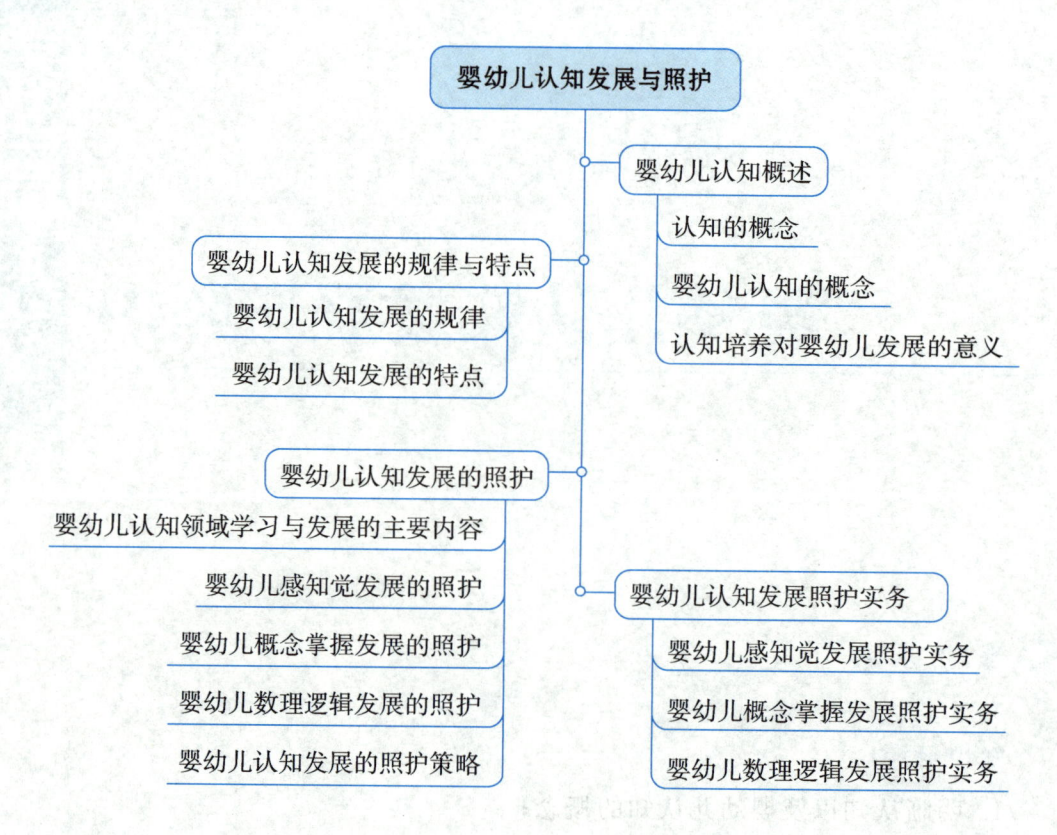

```
婴幼儿认知发展与照护
├── 婴幼儿认知概述
│   ├── 认知的概念
│   ├── 婴幼儿认知的概念
│   └── 认知培养对婴幼儿发展的意义
├── 婴幼儿认知发展的规律与特点
│   ├── 婴幼儿认知发展的规律
│   └── 婴幼儿认知发展的特点
├── 婴幼儿认知发展的照护
│   ├── 婴幼儿认知领域学习与发展的主要内容
│   ├── 婴幼儿感知觉发展的照护
│   ├── 婴幼儿概念掌握发展的照护
│   ├── 婴幼儿数理逻辑发展的照护
│   └── 婴幼儿认知发展的照护策略
└── 婴幼儿认知发展照护实务
    ├── 婴幼儿感知觉发展照护实务
    ├── 婴幼儿概念掌握发展照护实务
    └── 婴幼儿数理逻辑发展照护实务
```

二、情景与问题

妈妈给2岁的双胞胎儿子每人各买了一件玩具。两兄弟看到玩具都很喜欢,迫不及待地打开玩具盒就玩了起来。过了一段时间,哥哥仍然不停地玩着玩具,并且比较投入,可是一边的弟弟早就不耐烦了,新玩具没玩多久,听到妈妈在厨房里做好吃的,就立刻进了厨房,看到爸爸在看电视,又过去跟爸爸一起看电视,做事情总是三分钟热度。看到两兄弟的表现,妈妈有点儿担心:哥哥做什么事都很专心,将来会不会太内向;而弟弟做事情总是分心,将来学习成绩会不会不太好?

问题引导:你认为妈妈的担心有必要吗?为什么?

第一节　婴幼儿认知概述

一、认知的概念

认知是大脑反映客观事物的特性与联系，并揭露事物对人的意义与作用的心理活动，是全部认识过程的总称。刘范、张增杰等心理学家把个体的认知活动分为三个过程。首先是认知的开始，即感知觉过程，感知觉是客观刺激直接作用于人脑引起的认知活动，所以叫直接认知；其次是表象过程，表象是头脑中呈现的对感知过的事物的映像；最后是概念过程，概念是对事物的概括和抽象，它在不同程度上反映事物的本质属性。表象与概念都是在感知觉的基础上获得的，不是由客观事物的直接刺激产生的，所以也叫间接认知。人的所有认知活动都涉及这三个过程。个体认知能力发展主要表现为认知过程的动态变化方面，个体的认知结构和认知能力的形成随着年龄和经验的增长而发生变化。

二、婴幼儿认知的概念

婴幼儿的认知发展包括其感知觉、注意、记忆、学习、思维、言语和想象等能力发生、发展的整个过程。婴幼儿的认知发展受到遗传素质、生活经验、环境刺激以及教育背景等因素的综合影响，并依赖于其原有的认知结构和发展水平。由于认知能展现出个体认识世界的智慧和能力，所以传统的婴幼儿智能开发与训练多集中在对认知能力的培养上。

> **资料拓展**
>
> **智力、思维与认知的联系**
>
> 社会实践中，人们对"认知"一词的理解，很容易与"智力""思维"等概念相混淆。一般来说，"智力"是指人认识、理解事物和现象并运用知识、经验解决问题的能力的总和，它包括所有的与认识活动有关的能力；"思维"是人运用表象和概念进行分析、综合、判断、推理等认识活动的过程，是智力的最高级和最核心的部分。因此，"智力"与"思维"间的关系应该是：智力包含思维，思维是智力中的灵魂。"认知"有广义、狭义之分，广义上的"认知"与"智力"含义相同，狭义上的"认知"则与"思维"含义相同。

三、认知培养对婴幼儿发展的意义

（一）3岁前的认知经验影响大脑的结构

大脑具有极强的可塑性，完全可以在环境刺激下发生细胞变化和形成新的连接。丰富的环境刺激会使神经元的树突增多，成熟的神经联系增多，细胞体增大。研究发现，随着早期感觉的发展，一些多余的突触被删减了，突触被删减后逐渐形成了稳定的神经"接线图"，这些接线图是个体今后发展的基础。正因为如此，我们必须遵循一个核心的准则：将有用的、积极的环境因素连接进具可塑性的大脑中，危险和无用的因素需从婴幼儿成长环境中剔除。

（二）3岁前存在最佳的建立某一类行为的"敏感期"

"敏感期"是指婴幼儿对某一种认知能力或技能的发展和掌握有一个最快速、最容易受影响的时期，也称为心理发展的最佳年龄期。在敏感期内，某一心理机能的发展对内外条件极为敏感，某些行为容易快速获取且更容易得到修正，如果错过敏感期，就需要付出更多的努力与时间来学习此项事物。因此，对教育者来说，把握婴幼儿的敏感期，及时、合理地给予婴幼儿引导是很有价值的。

（三）认知能力关系着婴幼儿了解世界的深度与广度

心理学研究发现，婴幼儿虽然以直觉行动思维为主，各种心理活动的有意性还未充分发展起来，但我们也要看到婴幼儿具有抽象思维的潜在可能性，婴幼儿正孕育、形成和发展着更高阶段所具有的认知能力。

当婴幼儿看到一个东西，我们赋予这个东西以一个"概念"的时候，如果没有教育，那么婴幼儿对这个概念的内涵与外延的把握会非常受局限。比如，婴幼儿说出"床"，并非就意味着他真正理解了床的本质属性，他可能指的仅仅是他自己的床，没有意识到别人家的不同款式和风格的床也一样是床。因此，婴幼儿早期认知培养可以促进婴幼儿认知的深度和广度的发展，使他们更好地把握世界的本质和规律。

资料拓展

认知风格

认知风格是个体习惯化的信息加工方式，又称认知方式。认知风格是个体在长期的认知活动中形成的稳定的心理倾向，表现为对一定的信息加工方式的偏爱。个体常常意识不到自己存在这种偏爱。

开放话题

许多怀孕的妈妈都有过这样的感受：自己肚子里的宝宝在大概 6 个月的时候常常会因为某些大的声响而做出如踢腿、翻身的反应。国外有报道，将妈妈的心跳声音录下来，并且放大给焦躁不安的新生儿听，新生儿就会慢慢平静。请讨论这种现象出现的原因。

第二节 婴幼儿认知发展的规律与特点

一、婴幼儿认知发展的规律

（一）由分到合地发展

婴幼儿感知觉由单独起作用发展到相互结合发挥作用。婴幼儿出生后的前半年，主要通过各种单一的感觉去认识事物，比如通过嗅觉辨别母亲与他人。随着神经系统的成熟和身体的发展，出现了视觉与听觉的协同活动，然后出现更多视觉、听觉、触觉、动觉的协同活动。我国学前教育专家孟昭兰在总结 20 世纪国内外感知觉研究资料后认为："婴幼儿的感知觉活动大体经历了三个阶段：第一阶段（0~4 个月），婴幼儿单一感觉阶段；第二阶段（5~7 个月），视觉—听觉、视觉—动觉、视觉—听觉—动觉联合活动阶段；第三阶段（8 个月后），更多感官的协同活动。"伴随各感官由分到合的过程，其认知呈现出由局部到整体、由片面到全面的发展趋势。

（二）由近及远地发展

婴幼儿先认识在时空上与自身距离较近、范围较窄的事物，然后再认识在时空上与自身距离较远、范围较宽的事物。比如，婴幼儿对时间的认识过程是：先认识最近的时间"今天"，然后再认识"明天""昨天"等稍远的时间，最后再认识"未来"这种更远的时间。

在对空间的认识方面，婴幼儿认识的过程是：先以自身作为参照标准，认识上下、前后、里外、左右等方位，再以他人或其他物体作为参照标准，认识其他空间方位。

（三）由我及彼地发展

婴幼儿的认知发展表现出从"以自我为中心"到"去自我中心"的发展趋

势。瑞士心理学家皮亚杰设计的"三山实验"是自我中心思维的一个典型例证。实验表明，婴幼儿在认识事物时，往往显得过于主观和片面，总是从自身的立场和角度去观察与思考问题，以自我认识为认识事物的起点，而不太能从客观事物本身的内在规律以及他人的角度认识事物，看不到别人的立场与自己的差异。随着婴幼儿年龄的增加与认知水平的发展，其认知逐渐地"去自我"，这个过程使婴幼儿的认知呈现出由主观到客观的发展趋势。

资料拓展

　　三山实验是皮亚杰做过的一个著名的实验，是自我中心思维最典型的例证（见图4-1）。实验者先请幼儿围绕三座山的模型散步，让其从不同的角度观看模型，然后请其坐在模型的一边，另一边放上玩具，再让其从许多拍摄角度不同的三座山的照片中选出玩具娃娃所看到的山。结果发现，相当一部分幼儿挑出的都是从自己角度所看到的"山"的照片，而非从娃娃角度看到的"山"的照片。

图4-1　三山实验

（四）由表及里地发展

　　婴幼儿最初只能认识事物的表面现象，随着年龄的增长以及认知能力的发展，逐步认识事物内在的本质属性。比如，在分类过程中，婴幼儿会将青椒和青苹果放在一起，因为它们都是绿色的。又比如，在婴幼儿的认知里，事物总是"非好即坏""非黑即白"，这是因为此时婴幼儿的认知具有表面性和绝对性。按皮亚杰的分析，婴幼儿的认知活动正处于感知动作阶段，他们的认知能力只能反映自身感知觉能够揭露的东西，其反映材料的组织程度较低，不够灵活。随着认知发展水平的递进，思维开始逐步发展，当思维变成头脑内部的活动后，婴幼儿才能够揭示出感知觉背后的事物关系。

二、婴幼儿认知发展的特点

（一）以无意性认知为主

婴幼儿时期认知的发展主要体现在无意性方面，有意性的认知活动几乎还没有发展。婴幼儿的注意，一般是无意性的注意，并非婴幼儿主动地去注意某物，而是被动地被某物所吸引。比如，婴幼儿很容易被会发出响声的物体所吸引，这是因为声音对于他们来说是一种刺激，这时候他们的注意就是无意性的。

婴幼儿记忆的发展，主要也是在无意记忆方面，他们更容易记住具体形象的东西，比如，比起文字符号，他们更容易记住图片、视频。

婴幼儿的想象也是无意地发生的。比如，看见屋顶上烟囱冒烟，2岁的孩子会想到"爸爸在抽烟"，但是如果缺乏相应的情景，婴幼儿的想象就不会发生。

婴幼儿的思维主要是自由联想式的，他们还不会有目的地解决问题。例如，有个2岁的女孩想要吃橘子，妈妈告诉她："橘子还是绿的，不能吃，它还没有变黄。"过了会儿，她看见了菊花茶，会说："菊花茶不是绿的，它已经变黄了，橘子也变黄了。"

（二）以自我中心为主

皮亚杰提出"自我中心"这一术语，并通过"三山实验"进行了验证。自我中心是指婴幼儿在认识事物时往往以自我为认识的起点，而不能从客体或他人的角度出发思考问题。自我中心的特点还伴随着以下思维特点：

（1）"泛灵论"思维：婴幼儿会将所有的客观事物都视为和自己一样有生命、有意识的个体，即认为世间万物都有灵性。比如，婴幼儿认为"桌子也会疼""大树也会哭"。

（2）"人工论"思维：婴幼儿认为世界上万事万物都是人造的。比如，婴幼儿认为山是人们拿土堆起来的，河是人们灌水修起来的"泳池"。

（3）"主观论"思维：婴幼儿把自己的主观想象附加于客观的物体，混淆想象与现实。比如，婴幼儿会认为"钟在摆动，是它在生气地摇头"。

对于婴幼儿来说，自我中心的消失需经历一个过程。9个月前的婴儿还不存在稳定的客体概念，还没有意识到事物是客观存在的，不受自身察觉与否的影响。9个月左右的婴儿开始产生"客体永久性"的概念，意识到东西可能是被藏起来了，而不是消失了。18个月时，幼儿开始区别自我与客体，但仍不能意识到他人观点的存在。近 2 岁时，幼儿开始逐渐意识到自身的存在。

（三）缺乏对事物整体属性的把握

婴幼儿对一件事物进行认知时，要么看到事物的个别属性，要么看到事物的整体属性，但无法识别部分与整体之间的关系。美国心理学家艾尔金德研究了婴幼儿整体知觉与部分知觉的问题。研究者给 195 名婴幼儿看一些图片（见图 4-2），每次看其中的一幅。看图时对婴幼儿说："你告诉我，你看到了什么？它们看起来像什么？"如果婴幼儿观察时漏看了部分或漏看了整体，就问他："你看还有别的什么吗？"实验结果表明，71% 的 4 岁前婴幼儿只能看到图片的部分属性，此时孩子要么看到"两只长颈鹿"，要么看到"一个苹果"；极少数 4 岁幼儿能说出"抱着个爱心的长颈鹿"和"由苹果和梨组成的小人儿"这个整体属性。

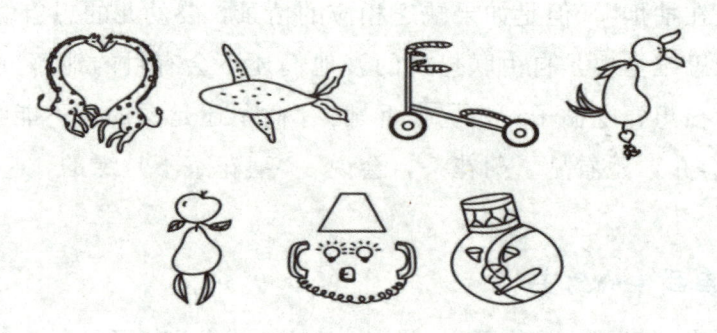

图 4-2 整体知觉与部分知觉研究

（四）自我认知能力开始发展

1 岁前的婴儿是比较顺从的。1 岁以后，幼儿开始有了自己的主意。比如，你要他往东走，他偏要向西。2 岁以后，有时他会拒绝大人抱他，坚持自己走路。这是独立性发展的表现，也表明幼儿已经有了自我意识。幼儿常常会说："我自己（来）。"他们会抢着做事，甚至是一些力所不能及的事情。

自我意识的发展，使幼儿的认知过程逐渐复杂化，认识能力进一步提高。高级的认知过程，如自信、自卑、内疚、自我占有等，都与自我意识的发展有关。婴幼儿的自我认知发展体现出以下三个特点：①婴幼儿自我认知随年龄增长而提高。②婴幼儿自我认知的发展速度存在显著的个体差异。③随着婴幼儿年龄的增长，自我认知发展的性别差异逐渐减小。在 18 个月，女婴的自我认知水平显著高于男婴；但到 21~24 个月，自我认知水平不存在显著的性别差异。

（五）思维表现出直觉行动性

思维的"直觉行动性"表现为思维的进行离不开自身对具体事物的直接感知，也离不开自身的动作。婴幼儿思维带有很强的直觉行动性，其认知具有狭隘性（思维的范围窄）、表面性（思维的内容浅）和情境性（思维持续的时间短）的特点。一方面表现为婴幼儿的判断与推理极大地受感知信息的干扰，思维缺乏预见性与计划性。婴幼儿心理活动易受婴幼儿看到、听到、摸到事物后的感觉的影响。比如，当着婴幼儿的面把两杯相同量的液体的其中一杯倒入一个高度不同的杯子，让婴幼儿判断其中液体的量与另一个杯子是否一样，婴幼儿会认为不一样。再如，婴幼儿在画画前往往不知道自己要画什么，而是边画边说，或是画完再说。婴幼儿直接的感知信息很容易造成错误的判断。另一方面表现为婴幼儿只有通过操作才能解决问题。婴幼儿需要借助于感知和动作进行思维，比如用口腔、手进行探索。

资料拓展

"客体永久性"由瑞士心理学家皮亚杰提出，指当知觉对象从视野中消失时，认识主体仍能知道它存在。如图4-3所示，成人先给婴幼儿看玩具，之后用一块布将玩具遮住，当婴幼儿能够掀开这块布去寻找玩具时，即获得了客体永久性。从记忆的角度来看，婴幼儿会去寻找被隐藏的物体，是因为虽然物体的形象从眼前消失，但其大脑保存着该物体的印象。

图4-3 "客体永久性"实验

开放话题

皮亚杰提出了"自我中心"这一术语，表明婴幼儿存在自我中心期。因此，很多家长认为孩子的争抢行为合情合理，过了自我中心期就好了，不需要教育。你赞同这种看法吗？为什么？

第三节 婴幼儿认知发展的照护

一、婴幼儿认知领域学习与发展的主要内容

(一) 感知觉

感觉是人脑对直接作用于感觉器官的客观事物的个别属性的反映,其实质是回答作用于感官的事物"怎么样"的问题。例如,当我们欣赏一朵花的时候,我们通过眼睛能看到花瓣的形状和颜色(视觉),通过鼻子能闻到它的香味(味觉),通过手能触摸到花瓣的柔软(触觉)。事物的颜色、声音、气味、形状、味道、温度等都是其个别属性。感觉可以分为两大类:一类是接受外部刺激,反映外部事物特性的外部感觉(外感受器感觉),如视觉、听觉、嗅觉、味觉等;一类是接受内部刺激,反映内部器官状态和身体各部分运动及位置情况的内部感觉(本体感觉),如渴、饿等内脏感觉和平衡觉(静觉)、本体运动觉(动觉)等。

知觉是人脑对直接作用于感觉器官的客观事物的整体属性的反映,是个体选择、组织并解释感觉信息的过程,其实质是回答作用于感官的事物"是什么"的问题。例如,我们观察一朵花时,不会孤立地反映它的颜色、形状、气味等个别属性,而是通过大脑的分析与综合活动,从整体上,几乎与感觉同时地反映出这是一朵花,而不是一根草或一块砖头,这就是知觉。知觉的种类很多,根据知觉过程中起主导作用的感觉器官分类,知觉可分为视知觉、听知觉、嗅知觉、味知觉和触知觉等;根据知觉对象的不同来分类,知觉可分为物体知觉和社会知觉;根据知觉内容是否符合客观事实来分类,知觉可分为正确的知觉和错觉。

感觉是人与生俱来的、最早显现、最简单的心理现象,知觉是在感觉的基础上产生的,两者通常统称为感知觉。感知觉是婴幼儿认识世界和自我的重要手段,也是记忆、思维、想象等高级心理现象发展的基础。

(二) 概念掌握

概念是人脑对客观事物的本质属性的反映。人类在认识世界、改造世界的过程中把认识到的事物的共同特征抽取出来加以概括,并用一个词标示出来,

就成为概念。这个词是概念的名称。每个概念都有内涵和外延。

（三）数理逻辑

数理逻辑能力是指处理一连串的推理、识别模式和顺序的能力，如数学计算、量化、分析、推理能力以及科学探索中的提出问题和解决问题的能力。

对3岁以下的幼儿来讲，较低层次的判断与推理开始出现，但抽象逻辑思维水平的数理逻辑能力还未出现，表现为：①婴幼儿的思维受感知觉线索的左右，往往将事物的表面现象或偶然的外部联系当成判断与推理的依据。②大部分情况下，婴幼儿数理逻辑能力受"自我中心"思维影响，只有在有足够经验支撑时，才能够表现出"去自我中心"的逻辑推理能力。婴幼儿对现象的判断与推理体现出"泛灵论""人工论""主观论"倾向。③婴幼儿经常使用"转导推理"，即从个别到个别的推理。例如，婴幼儿看到大人种豆，知道了"种瓜得瓜，种豆得豆"的道理，于是会种自己最爱玩的玩具，希望它们发芽长大，结出更多的玩具。

二、婴幼儿感知觉发展的照护

（一）视觉发展的照护

视觉是个体辨别外界物体特性的感觉，是人最重要的感觉通道。对难以通过语言获取信息的婴幼儿来说，视觉对于其认识和探索周围环境具有非常重要的意义。

1. 视觉集中能力

由于眼肌协调能力差，婴儿在出生最初的2～3周内，很难将视觉焦点保持在客体上。这个时候，常可以看到婴儿两眼不协调的运动，如两只眼分别向右和向左，或是向中间集中。出生2～3周后，婴儿的视线开始能够集中在物体上，但集中的时间较短。新生儿注视一个运动的物体时，很难像成人那样灵活地控制眼球，连续地追随物体的运动轨迹，而是会出现间断的、跳跃式的注视。2个月左右的婴儿开始出现明显的视觉集中活动，能够用眼睛追随物体做缓慢的水平运动，即"追视"现象（见图4-4）。3个月时，能够追随物体做圆周运动。婴儿的视觉集中能力在其出生后的6个月内一直在不断发展提高，视觉集中的时间和距离都在逐渐延长。

图 4-4 追视现象

成人可以设计一些有趣的游戏，利用追视训练来锻炼婴儿的视觉集中能力。比如，将婴儿竖直抱在胸前，让婴儿脸朝外看移动的物体（如电扇上的彩色布条、水槽中的流水、移动的人等）；或者抱着婴儿边走边看不同位置的事物；移动放在婴儿眼前的玩具，吸引婴儿眼球移动；等等。需注意的是，训练婴儿视觉集中能力时，外物的移动速度或成人走动的速度不宜太快。

0~6个月的婴儿，在清醒状态下，每天可练习 3~4 次注视活动或追视活动，每次时间不宜超过 5 分钟。具体方法是：让婴儿仰卧在床上，在其胸部上方 20~30 cm 处挂（或者成人拿着）一些婴儿感兴趣的能动的物体（最好是红色、绿色或能发出响声的物体），然后慢慢左右移动及上下移动，让婴儿的眼睛跟着物体左右和上下转动。婴儿 1 个月时，眼睛能跟随移动的物体到中线，2~3 个月时可逐渐跟过中线。婴儿视线能跟过中线后，要训练他们视线的上下移动能力。经过训练，婴儿的视觉能得到较好的发展。

典型案例

跳舞的小蚂蚁（1~3岁）

【游戏目的】

训练婴幼儿追视和手眼协调能力。

【游戏过程】

用不透明的纸剪一个小蚂蚁的形状，贴在手电筒上。跟婴幼儿在一个屋子里，关上电灯，打开手电筒，照在墙上移来移去，好像"小蚂蚁"在墙上跳舞，鼓励婴幼儿去抓"小蚂蚁"。在做这个活动时，"小蚂蚁"移动的速度起初要慢一些，以便婴幼儿捕捉，不要让婴幼儿总捉不到，有挫折感，从而失去兴趣，可以视具体情况逐渐提高速度。

2. 颜色视觉发展

颜色视觉，俗称辨色力，即区分颜色细微差异的能力。婴儿出生后不久便具备了一定的颜色视觉。有人做过这样一个实验：向3个月大的婴儿呈现两个除了颜色不同外一模一样的圆盘，一个圆盘是灰色的，另一个是彩色的，测量婴儿分别注视两个盘子的时间，结果发现婴儿注视彩色圆盘的时间几乎是注视灰色圆盘的2倍。这说明婴儿已经能够分辨灰色和彩色，并且偏爱彩色。

3个月的婴儿已经获得三色（红、黄、绿）视觉辨别能力；4个月时已经能在可见光谱上辨认各种颜色；2岁左右的幼儿已经能认识一些颜色，认识基本色（红、黄、蓝等）要比认识混合色（如黄绿色）和近似色（如橘黄和橘红）更容易。3岁幼儿能认清基本颜色，但对各种颜色的色度难以辨别，如大红、粉红、橘红等。婴幼儿在颜色视觉习得过程中一般先能分辨和认识颜色，然后才掌握颜色的名称，3岁的幼儿开始能说出一些颜色的名称。

典型案例

一岁半的微微最喜欢用蜡笔在纸上画画了，他比较喜欢用红、黄、蓝、绿等颜色。妈妈想教微微色彩知识，一遍遍地给他讲这是什么颜色，那是什么颜色，很快就教了四种颜色，妈妈着实高兴了一阵儿。但接下来的几天，妈妈再问："这是什么颜色？"微微要么张冠李戴，要么避而不谈。妈妈迷惑了：微微明明已经学会了，怎么又不会了？

请帮助微微妈妈解决她的疑惑。

成人可以通过辨认法、配对法、指认法发展婴幼儿的颜色视觉。辨认法即利用各色色卡提升婴幼儿颜色辨别力，还可以结合日常生活中婴幼儿看到的各种实物来进行训练，如让婴幼儿辨别玩具、食物、衣服、家具等的颜色。配对法是向婴幼儿出示几种颜色的卡片，然后让其选出相同的颜色。指认法中，成人出示不同颜色的卡片，说颜色名称，让婴幼儿找出对应的卡片。

典型案例

送彩球宝宝回家（2~3岁）

准备四个纸箱，每一个上面抠出一个直径约为10 cm的洞，洞的周围分别贴满红、绿、黄、蓝四种颜色的纸，然后给幼儿四个不同颜色的海洋球。将纸箱在房间排成一排，让幼儿将自己手里的海洋球分别放入对应颜色的纸箱内。在集体活动中也可以用大筐装一筐各种颜色的海洋球，让幼儿一个个去拿，并放入相同颜色的纸箱洞中。成人要告诉幼儿："看清楚自己手里拿的球是什么颜色，要找到相同的颜色才能把彩球放进去，要不然把彩球宝宝放错了，它就见不到妈妈了。宝宝要把每一个球都送到它们的家里，不能放错。"这样可以强化幼儿对颜色的认知。

（二）听觉发展的照护

对于婴幼儿来说，听觉是其学习语言的基础。一般来说，一些天生就失去听觉能力的婴幼儿即使有健全的发音器官，也很难学会说话。

1. 听觉敏度

听觉敏度是听觉器官对声音刺激的精细分辨能力，包括对声音频率、强度以及时值差别的鉴别等三方面内容。新生儿的听觉敏锐度较差，对较弱的声音不敏感。在较好的状态下，刚能引起新生儿听觉的声音刺激比刚能引起成人听觉的声音刺激大概高10～20分贝；在较差的状态下，大概高40～50分贝。在刚出生的几小时，新生儿的听力跟成人感冒时的水平差不多，这可能与其内耳的羊水还未排干净有关。此外，新生儿能够区分声音的高低、强弱、品质和持续时间等。通过练习，出生两天的新生儿就可以学会听到"嗡嗡"声向左转头，听到"咔嚓"声向右转头。

成人可以对婴幼儿开展声音分辨与定位训练，应让婴幼儿听不同的声音以丰富婴幼儿的听觉经验。成人说话或唱歌的内容应该重复而多样，在说话或唱歌时应配合脸部的表情和肢体语言；在婴幼儿手腕和脚踝上系上铃铛，让婴幼儿去辨认声音的位置以培养其声音的定位能力；还可以让婴幼儿多听生活中或大自然中的声音，提高其对声音的辨别力。

典型案例

找声音

【游戏目的】

1. 丰富幼儿的听觉经验。
2. 让幼儿学会分辨不同的声音。

【游戏准备】

闹钟、八音琴、录音机。

【游戏过程】

1. 教师引导幼儿找自己的耳朵。让幼儿指指自己的耳朵在哪里,说说耳朵可以用来做什么。

2. 教师引导幼儿在安静的教室里找声音。依次用闹钟、八音琴、录音机发音,让幼儿找。

3. 开始的时候,三种东西的声音要一个一个放,慢慢地可以加大难度,三种东西的声音一起放,试着让幼儿辨别,教师发出指令,如找出闹钟的声音,让幼儿尝试着做。

4. 教师与幼儿在教室中一起制造不同声音,让幼儿说说都是什么声音。

5. 可以要求家长带领幼儿听听大自然的各种声音,丰富幼儿的听觉经验。

资料拓展

临床研究表明:胎儿期听觉就已经存在,胎龄5个月的胎儿听觉系统已经基本发育完成,开始对声音产生兴趣,强音刺激能使胎儿产生身体紧张反应,出现痉挛性胎动;胎龄6个月的胎儿可听见母亲有节奏的心跳声和血流声,以及外界的乐音、噪音。国外有人把新生儿母亲的心跳声录下来,经过扩音,播放给烦躁不安或者哭闹的新生儿听,结果新生儿很快就安静了下来,这说明胎儿已有听觉,而且有听觉记忆。这一成果为胎教的实施拓展了领域。

2. 听觉偏好

婴幼儿具有听觉偏好,即更喜欢某些声音。研究发现,1~2个月的婴儿似乎已经偏爱乐音而不喜欢噪音;2个月以上的婴儿更喜欢优美舒缓的音乐,而不喜欢强烈紧张的音乐,因此贝多芬的音乐比摇滚乐更适合这个时期的婴儿;7~8个月的婴儿已经会随着音乐的节拍舞动四肢和身体,对成人安详、愉快、柔和的语调报以欢快的表情,而对生硬、呆板、严厉的声音则会表现出烦躁、不安,甚至大哭。此外,婴幼儿还喜欢听说话的声音,特别是自己母亲说话的声音。

成人可以运用音乐来促进婴幼儿听觉能力的发展。训练包含以下三个方面:一是音高、音色、音强辨别。可选择不同速度、响度的不同乐器或发声玩具让婴幼儿辨别声音的差异,也可让婴幼儿辨别家中不同物体的敲击声,如钟表声、敲碗声等,来提高婴幼儿对音高、音色、音强的感知能力。二是语调区分。成人通过改变对婴幼儿说话的声调来提高婴幼儿语音分辨力。不同情景下的不同语调，能使婴幼儿感受到语言中不同的情感和节奏。三是音乐感知。成人可以给婴幼儿多听一些不同节奏、音调、旋律、风格的音乐，以提高其对音乐的感知能力。

> **典型案例**
>
> 小小演奏家（1.5~2岁）
>
> 【游戏目的】
>
> 培养幼儿的音乐节奏感，提高幼儿的模仿能力和记忆能力。
>
> 【游戏准备】
>
> 不同大小、形状的罐子、饮料瓶，金属制的小盆，筷子等。
>
> 【游戏过程】
>
> 家长敲几下"小鼓"，然后让幼儿模仿；或者反过来，幼儿敲几下"小鼓"，家长再模仿，以培养幼儿敲"小鼓"的兴趣。家长敲几下，幼儿跟着敲几下；反过来，幼儿敲几下，家长也跟着敲几下。谁模仿错了，就轻刮谁的鼻子。
>
> 家长敲击出一个简单的节奏，让幼儿模仿；此后可以变化节奏，让幼儿模仿；还可选择一段幼儿熟悉的音乐，家长和幼儿一起敲击演奏。

（三）本体觉发展的照护

本体觉是指肌肉、肌腱、关节和韧带等运动器官本身在不同状态（运动或静止）时产生的感觉，因位置较深，又称深部感觉。总体来说，本体觉是多种多样的，与触觉、平衡觉、运动觉等息息相关。

1. 触觉

触觉是人体发展最早、最基本的感觉，是人类最初维持生存、防御危险、认识事物、积累经验的重要手段，在婴幼儿认知活动和依恋关系形成的过程中占有非常重要的地位。当胎儿约5~6周时，触觉功能已开始运作；2个月时，胎儿就已出现觅食反射的迹象了；4个月时，胎儿已会借由吸吮拇指来安抚自己；妊娠期32周时，胎儿身体的各个部位都能感觉到触碰。新生儿触觉最灵敏的部位为唇、舌、耳朵及前额，靠着唇部敏锐的触觉搜索奶嘴或乳头，以获取口腹的满足，并带来舒适放松的情绪。新生儿的手、脚对触觉刺激也很敏感，可借着双手四处摸索，以了解物质的湿度、温度、硬度与质感。除此之外，婴幼儿在冷热觉方面，感觉也是比较敏锐的。比如，新生儿在刚出生时，由于外界环境较冷，会大哭；如果将其放在温暖的地方，他们就会停止哭泣。

成人可以通过身体抚触促进婴幼儿触觉的发展。亲子之间的身体抚触可以帮助婴幼儿建立基本信任，也可以促进婴幼儿多感官的整合。织物（硬的、软的、湿的、干的）是触觉训练的好材料，成人可用不同材质的织物触碰婴幼儿的身体各部位，让婴幼儿感受，也可以让婴幼儿用身体或手去触碰室内外不同材质的墙、地、门、桌子、书刊或各种有纹路的物品，以此来增强婴幼儿的触觉感受力。抚触操是很好的触觉运动。成人配合抚触音乐的旋律，轻揉或轻敲婴幼儿头面部、背部或摆动婴幼儿的手脚，可以增加婴幼儿的触觉经验。

2. 平衡觉

平衡觉是人体位置与重力方向关系发生的变化刺激前庭感受器而产生的感觉，即辨别身体运动速率和方向的感觉。平衡觉可以帮助人体克服地心引力的作用，保持身体的姿势和准确协调地完成各种动作。摇荡、旋转的刺激能引起人的平衡觉。轻轻摇晃婴幼儿不仅能给婴幼儿施加触觉刺激，还能给婴幼儿的平衡器官很多刺激信号，因此婴幼儿很喜欢被轻轻摇晃。很多时候，较大幅度的摇晃可以使大哭的婴幼儿安静下来。3岁以后，幼儿对平衡觉的刺激仍然敏感而且喜爱，他们不仅喜欢荡秋千、玩转椅，也喜欢让成人抱着旋转或拉着手臂旋转。

成人可以利用专业器具，对婴幼儿进行跳、摇、旋转训练，促进婴幼儿平衡觉的发展。大陀螺、大弹力球、平衡板、踩踏石、跳床、踩踏跷跷板等都是平衡能力训练的专用教具。

3. 运动觉

运动觉是人体辨别自身姿势和身体某一部位的运动状态的内部感觉，人体各类动作的准确执行都离不开运动觉的工作。1岁以前是婴幼儿发展前庭神经系统和良好本体感觉的关键时期，其发展状况直接影响到视觉、听觉等感官系统的发育，并且对婴幼儿的感觉统合起着至关重要的作用。

成人要让婴幼儿尽量多做颈部运动和爬行运动。婴幼儿最初的头部运动能够促进颈部肌肉的发育，为下一步的爬行动作奠定基础，而爬行动作又对婴幼儿良好平衡觉的建立、视觉的发展起着极其关键的作用。成人可以用玩具吸引婴幼儿，如在婴幼儿周围缓缓移动玩具，或者将玩具放在婴幼儿的周围稍远处，鼓励他们主动爬行或行走去够拿。

> **典型案例**
>
> **摇摇船**
>
> 【游戏目的】
>
> 促进婴幼儿平衡觉和本体觉的发展。
>
> 【游戏过程】
>
> 早教人员将大龙球滚到婴幼儿面前，调动婴幼儿趴一趴的兴趣。让婴幼儿俯趴在大龙球上，扶着其腰部，轻轻地弹动其身体。如果婴幼儿的情绪很好，可以将球向前后移动。
>
> 将婴幼儿背部放在球面上，轻轻上下弹动其身体，锻炼其背部的力量。
>
> 【游戏指导】
>
> 大龙球有两种质地，一种是光面的，一种是有小颗粒的。可以先选择光面的大龙球进行游戏，待婴幼儿适应以后，再选择有颗粒的球，增加游戏的趣味性。

三、婴幼儿概念掌握发展的照护

从概念的内涵来看，概念可分为实物概念和抽象概念。实物概念是关于事物的整体的概念。抽象概念是关于事物的某个属性、状态、与其他事物的关系的概念，如时间概念、空间概念、数的概念均属于抽象概念。

（一）实物概念发展的照护

实物概念是关于事物的整体的概念，它反映完整客体的本质属性，是婴幼儿早期掌握的主要概念之一，是基于实际可感知的物体所形成的对物体特征的直接反映。实物概念具有单一、具体的实际对象，并且对象有可感知的明显的外部特征。实物概念具有一定的感性成分。当婴幼儿说出一个概念，甚至知道这个概念的所指时，并不等于已经掌握了这个概念的真正含义。如"警察"这个概念，对婴幼儿来说只是意味着穿某种服装的人，并不像成人理解的"警察是维护社会秩序的国家治安人员"。

婴幼儿关于实物概念的学习与发展的核心能力包括：①能指出或列举所熟悉的一些实物，比如说出一些常见的家庭成员、家具、动物等；②能说出实物突出的外部特征，比如树叶是绿的，天是蓝的；③能说出实物功用上的特征，比如衣服是用来穿的，碗是用来盛饭的。

婴幼儿实物概念掌握的培养内容包括以下几个方面：

（1）说特征：能说出物体的一种或几种外观特征，如大小、形状、颜色等。

（2）贴标签与命名：标签指视觉形象的图片。比如在积木上面贴上积木的图片，以图片和实物联合的方法帮助婴幼儿形成概念。成人还可以说出"积木"这个词，让婴幼儿配合展示实物，进一步加深他对积木这个概念的理解。

（3）听声音或看动作说出实物名称：如成人发出小动物的叫声，如"汪汪""喵喵""嘎嘎"等，或做出动物的典型动作，让婴幼儿猜成人展示的是什么动物。日用品的概念掌握也可模仿此方式训练。

（4）听词拍手：给婴幼儿读一组词，让婴幼儿听到符合同类实物内涵的词时拍手。例如，让婴幼儿听实物词"电灯、洋娃娃、小汽车、积木、凳子、沙发"，凡听到属于玩具的词时就拍手；听实物词"苹果、床、桌子、电视、青椒、冰淇淋"，凡听到食物相关的词就拍手。

（5）下定义：要求婴幼儿用自己的话给实物下定义。例如，让婴幼儿说出一些常见的实物词是什么意思，如苹果是什么意思，婴幼儿可能会描述它是吃的，成人在此基础上进行引导，引导他说出更完整的定义。

（6）找缺失：要求婴幼儿在刺激不完备的情况下把刺激补充完整。如给婴幼儿提供一些残缺的物体，让他们"找缺失"，说出物体缺失的部分。

（7）找相同与不同：向婴幼儿展示一组物品或图片，让婴幼儿把相同之处或不同之处找出来，或是带着婴幼儿玩"找不同"的游戏。

（二）数概念发展的照护

数概念是反映事物数量和事物之间序列的概念。数概念的发展是一个从具体到抽象的发展过程。自然数包括两类：①基数，指一个集合所含的元素数，即一组物体的个数；②序数，指一个数相对于其他数来说所处的顺序位置。

在婴幼儿阶段，数概念的掌握水平处于对数量的感知运动阶段。婴幼儿能够感知"量"与"数"的特征，比如他们可以比较出两个物体的轻重、长短等，能够找出钟表、温度计等带有"数"特点的物品；幼儿对数与量的关系有了初步了解，比如能按顺序唱数（1~10）、按数取物、按物点数等；幼儿能够认识序数，初步理解数序，比如成人要求孩子将玩具放在第几个格子内，他们能够正确对位。

婴幼儿期数概念的核心能力提升的照护内容包含以下几个方面：

1. 初步感知数与量

（1）认识数：熟悉阿拉伯数字 1~10。成人可以和幼儿一起寻找和发现生活中用数字作标志的事物，如车牌号、电话号码、时钟、日历和商品的价签等，引导幼儿体会生活中很多地方都会用到数，并且了解数在不同的地方具有不同的意义。

（2）认识量：引导幼儿感知和理解事物"量"的特征。鼓励幼儿观察物体的大小、高矮、粗细等"量"特征的差异，让幼儿学习使用相应的词汇描述事物这些"量"的特征；鼓励幼儿收拾物品时按照物体"量"的特征分类整理，如整理书籍时，按书的薄厚分类。

> **典型案例**
>
> ### 玩具找朋友（2～2.5岁）
>
> 【游戏目的】
> 帮助幼儿理解"大小"的概念，并会比较大小。
>
> 【游戏准备】
> 玩具（汽车、娃娃、积木、书、球等大小各1个）。
>
> 【游戏过程】
> 家长为宝宝提供一套玩具，引导宝宝了解物品，让其说说物品的名称。可以用以下的导入语：
>
> （1）引导宝宝找出相同类别的玩具时，可以说："宝宝，哪些玩具是一样的？把它们放在一起。"
>
> （2）比较每组玩具，区分大小时，可以说："比一比，哪个大？哪个小？"
>
> （3）按大小分类时，可以说："大的给爸爸，小的给宝宝。""大的给宝宝，小的给妈妈。"

2. 了解数与量之间的关系

（1）唱数：让幼儿练习复述数。比如，成人念三组数，让幼儿跟着复述。学着从1到10、从10到20、从20到30唱数。随着唱数能力发展，让幼儿学会从任意数开始，按序唱后面的数字，学会后再试着倒数数字。

（2）数与量的结合：生活中随时强化数与量的关系。通过一一对应的方式让幼儿了解"量"的差异可以用"数"表示出来。如在排队时，让幼儿去点数人数；吃饭时，引导幼儿主动按照人数去匹配餐具。

（3）比多少：可以教幼儿将物体进行叠放，以比较物体数量。

（4）按物点数：鼓励幼儿数生活中一切可以数的事物。利用实际情境，让幼儿跟着大人一起边说边点地点数物体。点数时让幼儿体会物体的数量不会因排列形式、空间位置的不同而发生变化，如将一定量的扣子以不同的形式摆放（整齐的、胡乱的、稀疏的、紧密的），让幼儿体会不同摆放位置不会影响扣子的数量。

典型案例

点数1、2、3（2~3岁）

【游戏目的】
练习手口一致点数。

【游戏过程】
早教人员分发数数的操作材料，带领幼儿一起口头数数1~5。

早教人员将3个操作材料排成一列，示范伸出食指，手口一致地点数1~3。

早教人员鼓励幼儿模仿成人的行为，用食指手口一致地点数1~3。待幼儿完成，早教人员及时鼓励。

【游戏指导】
这样的数数游戏最好结合生活中的物品随机进行。

（5）按数取物：在日常生活中，请幼儿按成人要求的数量拿出相对应个数的物体。先拿出和成人手中一样数量的物体，然后逐步加大难度，让幼儿按图片上展现的阿拉伯数字拿出等量的物体。

3.体会数序

（1）体会顺序：在日常生活中到处存在"序"。比如，游戏中按成绩或者表现进行排名，让婴幼儿可以直观地感受数序。

（2）位置与顺序的对应：引导婴幼儿按照一定顺序排列事物，体会顺序与位置的对应关系。比如，让婴幼儿按成人命令，将玩具按同一个方向，按照第一、第二、第三的位置摆放。

典型案例

捡一捡

【游戏目的】
1.初步感知数量1；

2. 初步感知1和"许多"的概念。

【游戏准备】

小球5个、小篮子1个、珠子5颗、瓶子1个、积木若干、小盒子1个。

【游戏过程】

1. 将小球撒满地，教师和幼儿一起捡，引导幼儿一个一个捡入篮子中，边捡边说："1个小球，1个小球……"捡完后，教师告诉幼儿："篮子里有许多小球。"

2. 将珠子撒满地，教师和幼儿一起捡珠子，一颗一颗地捡入瓶子里，边捡边说："1个珠子，1个珠子……"之后，教师告诉幼儿："瓶子里有许多珠子。"

3. 将积木散放在地上，请幼儿一块一块地捡起来，放到盒子里，并引导幼儿自己说出"盒子里有许多积木"。

4. 教师请小朋友们回家看看，什么东西是一个一个的，放在一起变成了许多。

（三）时间概念发展的照护

时间概念反映物体存在的延续性和出现的顺序。比起空间概念，婴幼儿对时间概念的掌握要困难得多，这是因为时间特征比空间特征更难把握。虽然时间概念的掌握非常难，但由于时间是物质存在的基本形式，所以帮助婴幼儿了解时间是帮助其认识世界的重要内容。婴儿刚出生时对时间的感知是无意识的、不自觉的，并没有时间的概念，主要依据其内部生理状态的变化来反映时间。比如对吃奶的时间形成条件反射，到点就感到饿，想要吃奶；到点就感觉到困乏，想要睡觉。2岁左右的幼儿会模仿成人说一些表示时间的词，但对时间词的意义不大理解。3岁左右的幼儿开始形成初步的时间概念，但多与他们具体的生活事件相联系。

婴幼儿时期关于时间概念的核心能力包括：①认识时序，比如在成人的提醒下，排列春、夏、秋、冬；②认知时距，比如判断出时间的长短；③能根据人的外貌特征识别年龄；④能借助生活事件和环境信息反映时间。

婴幼儿时间概念的核心能力提升的照护包含以下几个方面：

1. 时序认知

（1）体会时间顺序。成人可以有意识地让婴幼儿随时关注事情的时间顺序。比如，周一到周日的顺序，每个月分别有几天，四季是春、夏、秋、冬等，促进婴幼儿时序认知能力的提高。

（2）了解事件的时间顺序。成人最初可借助图片或照片，帮助婴幼儿了解事件发生的先后顺序；然后让婴幼儿能根据口令按序做事，比如上学出门前，要先起床洗漱、吃早饭、收拾书包再出门。

2. 时距认知

速度与时距关系认知。速度认知是时距认知的一部分。成人可以指导婴幼儿观察同一长度距离内不同物体运动速度的快慢，比如同样的100米距离，自行车和小汽车的运动速度的差距。了解同一事件用不同速度完成的差异也可以帮助婴幼儿判断时距长短。

3. 时间媒介认知

教会婴幼儿利用媒介物，如秒表、沙漏、日历判断时间，也是时间概念学习的有效方法。此外，成人可以引导婴幼儿观察动植物的生长变化并帮助他们做好生长时间记录；可以引导婴幼儿观察大自然的变化与时间的关系，如太阳和月亮的轮换与时间。

4. 学会正确运用时间词

教会幼儿准确地用词来描绘时间。鼓励幼儿运用"昨天、今天、明天、后天""早上、中午、晚上""下一次""等一会儿""先……后……"等时间词来描述事件。幼儿对时间单元的知觉和理解，呈现由近及远的发展趋势。例如，幼儿先理解"小时""天"，然后才能理解"月""年"等时间单位。

（四）空间概念发展的照护

空间概念是指人脑对物体在空间内的存在形式产生的间接的、概括的反映，是在空间知觉的基础上建立起来的概念。空间概念包含两层含义：一是物体空间属性概念，二是物体空间关系概念。空间概念也是婴幼儿认知发展的重要领域。

婴幼儿时期关于空间概念的核心能力包括对形状的认知、对形状名称的认知以及对形状大小的认知。比如，能按照成人的口头要求找出对应的形状，比较两个相同形状物体的大小等。除此之外，还包括对空间关系的认知，能认识里外、上下、前后、远近关系。

婴幼儿空间概念的核心能力提升的照护包含以下几个方面：

1. 感知形状特征

（1）鼓励婴幼儿玩形状匹配游戏，熟悉不同的形状。

（2）随时引导婴幼儿注意观察生活物品的形状特征，如感受和识别碗、书本、皮球、鸡蛋、床等物品的形状特征，鼓励他们按形状分类整理物品。

（3）鼓励和支持婴幼儿用不同形状的材料进行建构游戏或制作活动。如用长方形的纸盒加两个圆形瓶盖制作"汽车"。

> **典型案例**
>
> **拼接图片**
>
> 【游戏目的】
>
> 促进婴幼儿手、眼、脑协调发展，锻炼空间知觉能力。
>
> 【游戏准备】
>
> 两张孩子比较熟悉和喜欢的图片。
>
> 【游戏过程】
>
> 成人将其中一幅图片用剪刀剪成三块。先将一幅完整的图片拿给孩子看，让孩子说出图片的内容，如小花狗的耳朵、鼻子、尾巴等。然后，家长藏起完整的图片，再拿出裁剪的图片，让孩子根据刚才看到的尝试拼图。
>
> 【游戏延伸】
>
> 在孩子观察图片的时候，成人可以引导孩子说一说图片具体的特征，训练孩子的语言表达能力。
>
> 【游戏指导】
>
> 所选的图片一定要是孩子熟悉的，并且不能太复杂，彩色的最好，比如将动物的每个部位都用不同的颜色标注。拼接游戏不仅能训练孩子的空间知觉，同时还能锻炼其动手操作能力，有助于锻炼其手部肌肉，促进其精细动作的协调发展。

2. 识别空间关系

成人需了解婴幼儿对空间关系的认识顺序，按空间关系认识规律来施以教育。婴幼儿方位知觉的发展遵循的顺序是"上下—前后—左右"，是以自身为中心辨别方位的，并且对方位词的掌握要滞后于对方位的辨别。因此，在学习里外、上下、前后、左右方位时，要让婴幼儿按从里外到左右的难度顺序依次学习。

3. 理解和学会使用空间词

成人要善于在日常的生活中有意识地强调空间词，以促进婴幼儿空间概念的发展。比如，家长带着孩子买菜时可以说："这块豆腐是长方形的，比旁边那块豆腐小，但是日期比较近。"

四、婴幼儿数理逻辑发展的照护

（一）强化"一一对应"关系，理解简单因果联系

一一对应是婴幼儿理解因果关系的基础，也是数理逻辑能力训练的重要内容。婴幼儿应能简单地理解因果关系，比如成人问婴幼儿"渴了/累了/饿了怎么办"，婴幼儿能对应着回答"喝水""睡觉""吃饭"；婴幼儿还可以简单地理解事物之间的关系，并将其相匹配，比如能将小动物和它们爱吃的食物相匹配，能将医生、教师等职业和他们常用的工具相匹配。

成人可以通过以下训练促进婴幼儿对应能力的发展：

（1）找关系。鼓励婴幼儿找出事物之间不同类型的关系。①利用生活情境诱发婴幼儿关注生活中有逻辑联系的事物；②让婴幼儿进行图片与真实物品配对的游戏；③让婴幼儿了解动物的基本生活习性，如生活地点、吃的食物等，以及生活中常见物品的基本用途；④了解标志，如天气标志的含义等。

（2）类比推理法。用图形、数字、词语等呈现排列关系的规律性变化，要求婴幼儿说出空格中应填上什么。例如：早上和早饭就好比晚上和_____，狗喜欢吃肉就好比熊猫喜欢吃_____。

（3）解决问题法。在生活中成人应发展婴幼儿的好奇心与探索欲，培养婴幼儿因果互推的思维习惯。向婴幼儿提出一些问题，让婴幼儿回答应该怎么办。例如：你饿了的时候怎么办？你够不到东西的话怎么办？

（4）找错误法。给婴幼儿看一些有错误的画，或排列顺序有错误的图片，让婴幼儿找出其错误之处，尝试解释原因，并说说应该怎样纠正错误。

> **资料拓展**
>
> 2~3岁的幼儿的抽象思维水平仍处在萌芽阶段，他们会将事物表面特征或线索当作判断与推理的依据。由于缺乏知识的经验性与成熟的概念理解能力，本阶段幼儿的推理是以"转导推理"的形式存在的。幼儿会将事物偶然存在的联系推及另一事件，进行一种非本质特征的判断与归纳。受这一特点的影响，幼儿经常会做出一些让成人摸不着头脑的事情。比如，幼儿会端起水杯将热水倒入鱼缸，仅仅是为了让小鱼也可以感受到"温暖"。

(二) 分类能力

分类能力是区分物体属性的一项基本逻辑能力。婴幼儿分类能力主要是习性分类或者随机分类,这时的婴幼儿既不能提供分类的理由,也不能说出物体的某一个具体特征。当婴幼儿将所有的玩具车统统放在同一个箱子里,或将纽扣按大小整理成几类,或说自己再也不是 3 岁小孩时,他们就是在分类。关于分类能力,婴幼儿时期的核心能力包含按物体的外观特征进行分类、按物体基本功用分类、按某个抽象特征进行分类、初步理解类包含(部分与整体关系)。

成人可以通过以下训练促进婴幼儿分类能力的发展:

(1) 归类法。要求婴幼儿把事物按一定标准进行分类。可以进行由以一个外观特征为标准到以多个外观特征为标准的分类能力递进训练。比如,一堆物体先按颜色标准分,颜色分好后再按形状分,最后按软硬标准分,分类训练按级别层层递进。

(2) 排除法。要求婴幼儿将不同类别的物体找出来。比如,找到动物图片中出现的蔬菜图片。

(3) 示例分类。教师将一组物品分成两类,分别举出每类的一个示例,要求婴幼儿将余下的物品按类别归类。

(4) 种属分类。根据种属关系对婴幼儿进行多层次分类训练。比如通过"水果找妈妈"的游戏,将水果和果树的图片分开放,让婴幼儿比较、认识植物与水果间的相互联系,进行分类。

典型案例

鞋子配对

【游戏目的】

促进婴幼儿配对能力的发展。

【游戏过程】

照护人员出示不同的几双鞋子,告诉婴幼儿:"这是妈妈的鞋子,这是爸爸的鞋子,这是宝宝的鞋子。"照护人员将鞋子打乱,让婴幼儿把鞋子配对。

【游戏指导】

生活中可以玩配对的游戏很多,比如袜子配对、将相同的图片配对等,早教人员要在生活中发现游戏的契机,启发婴幼儿运用各种感官观察辨别生活中常见物体的特征和用途,进行简单的分类,并感受生活中的数学,效果会更好。

（三）排序能力

排序指对两个以上的物体或集合按某种特征或一定的规律进行顺序排列。关于排序能力，婴幼儿时期的核心能力包含按物理属性，比如大小、高低、宽窄、厚薄、轻重等给物体排序；按事物的概念属性给物体排序，比如喜欢程度、时间发生先后、空间远近、年龄大小、速度快慢等；按某种规律给物体排序，比如按成人的要求，以绿色—红色—绿色—红色的顺序排序；按数量概念给物体排序，比如玩扑克牌的接龙游戏，按照数量多少排序或按照数字大小、单双数排序等。

成人可以通过以下训练促进婴幼儿排序能力的发展：

（1）按物体单一外观属性进行两两比较，如较大/较小、较粗糙/较光滑、较硬/较软、较高/较矮等。

（2）按物体单一外观属性对实物进行排序。

（3）初步了解事件时间和事物空间的序列，如从上到下排列物品等。

（4）运用某种简单的规律给物体排序，比如按物体高低的规律排序。

（四）表征能力

表征指信息或知识在心理活动中的表现和记载方式，是应用语词、艺术形式或其他物体作为某一物体的替代物。婴幼儿的表征能力是指他们以语言、图像、符号、动作等各种方式表达感受、经验、思想、情感的能力。在表征能力发展的第一阶段，婴幼儿通过重现物体的部分"感知属性"来表征认识物体，比如可以依靠物体的声音、味道、气味等部分感知属性匹配或指认出真实物体。2.5岁后，进入表征能力发展的第二阶段，幼儿能了解书本中的图画是这个世界真实物的象征，开始喜欢玩假装游戏，比如拿洋娃娃当朋友。表征能力发展的第三阶段是译解文字、数字等，一般三四岁以后的幼儿才开始逐渐进入这个阶段。

成人可以通过以下训练加强婴幼儿的表征能力：

（1）强化客体永久性概念。6个月后，婴幼儿出现了"客体永久性概念"，成人此时可以与婴幼儿玩刺激消失与出现游戏。类似"捉迷藏""藏物品"等游戏都可以帮婴幼儿加强客体永久性概念。

（2）通过声音、味道、气味、触感等物体的个别感知属性辨识整个物体，即通过部分认识整体。让婴幼儿在仅有物体的一部分的图片上，通过找出剩余部分的图片，把它恢复成整体。

(3) 模仿人物或动物的动作和声音。如图4-5、图4-6，幼儿经常自主发起模仿行为，在沉浸式体验的同时也促进了自身认知的发展。

图4-5 2岁幼儿模仿家长照顾娃娃　　图4-6 2岁幼儿模仿妈妈用眉笔画眉毛

(4) 对照图片指出实物。让婴幼儿辨认图片上的物体，可以使其理解符号、绘画与现实的联系。开始时可让婴幼儿辨认写实照片中的熟悉物体，逐渐用简笔画代替照片，让婴幼儿指出简笔画代表的实物，再用抽象符号代替简笔画，让婴幼儿说出符号指代的意义。

(5) 艺术表现。鼓励婴幼儿绘画、用黏土捏出或用积木搭建物体、角色扮演等，并向大人解释自己的艺术作品。

(6) 指着字讲故事，让婴幼儿理解字是一种语言符号。

五、婴幼儿认知发展的照护策略

由于婴幼儿的认知特点是以直觉行动为主，所以成人应引导婴幼儿通过直接感知、亲身体验和实际操作进行学习。成人不应对婴幼儿进行灌输和强化训练。因此，婴幼儿认知能力培养的主要策略包括以下几方面：

(一) 诱发婴幼儿感知兴趣，教会观察方法

1. 利用感知觉特性，诱发婴幼儿感知兴趣

环境心理和个体感知觉的研究发现，外界刺激物具有以下属性时容易诱发人的感知兴趣：①强度越大的刺激物越容易引人注意；②刺激物与周围背景的差异越大越容易引人注意；③越新奇的刺激越容易引人注意；④活动的刺激物比静止的刺激物容易引人注意。由此可见，应利用感知觉的特性，通过刺激物的属性诱发婴幼儿感知兴趣，从而培养婴幼儿的观察力。

2. 教会婴幼儿观察的方法，是发展婴幼儿感知觉能力的重要途径

观察的方法直接影响感知的效果，如果婴幼儿掌握了有效的观察方法，其感知能力将极大提高。常用的观察方法主要有：①顺序观察法，即按照前后、

上下、远近、左右等顺序有规律地进行观察。②典型特征观察法，即先观察最明显的特征，再过渡到一般特征。例如观察乌龟时，先观察它的坚硬的外壳，再过渡到对乌龟其他部分的观察。③分解观察，即将要观察的物体进行划分，先对划分出来的各部分进行观察，最后再将各部分综合起来以了解物体全貌，即分总观察。④比较观察，即同时观察两种或两种以上的事物，比较异同。例如，比较观察鸡蛋、鸭蛋、鹌鹑蛋、鹅蛋等，了解它们之间的相同与不同。⑤追踪观察，即观察事物的发展与变化过程。例如，观察植物从种子萌芽到生根、长茎叶、开花、结果的过程。

(二) 给予丰富适宜的感性经验，拓展其认知范围

1. 多让婴幼儿亲身体验

提高婴幼儿认知能力，需要给婴幼儿多提供直接感知的机会。家长每天抱着孩子，一定会导致孩子动觉经验少；家长总让孩子吃固定的几种食物，孩子的味觉和嗅觉经验一定会受到影响；家长总用厚衣服捂着孩子，他对温度的感知力一定弱。由此可知，成人在让婴幼儿接触环境时，不能仅仅让婴幼儿被动地处在环境中，应鼓励婴幼儿与环境发生直接互动，让婴幼儿主动去体验环境与操作物品，这样才能更好地发展认知能力。但也要注意，环境中的刺激物不是越多越好，感性经验的量要适可而止，有所选择。

2. 注意运用多种变式

变式就是指呈现刺激物的各种方式。缺乏变式呈现，婴幼儿思维容易被固化，从而缺乏灵活性。比如，在认识数字"3"时，如果成人只用3只鸭子的教具去反复强化"3"的概念，婴幼儿就可能认为只有"3只鸭子"才叫"3"。事实上，婴幼儿只有知道了"3"不仅指3只鸭子，才会将"3"从具体事物中抽象出来，从而理解"3"这个数的实际意义。再如，让婴幼儿认识三角形时，成人如果只提供等边三角形给婴幼儿学习，那么当婴幼儿遇到不等边的三角形时，就有可能不认识。因此，要提高婴幼儿思维的抽象水平，成人必须给婴幼儿提供多种"变式"的学习。

3. 提供真实的经验

提供真实自然的环境经验对婴幼儿来说是非常重要的。比如，当家长把绳子当作"蛇"，把它放在地上和孩子玩时，孩子可能始终会把绳子当作蛇。实际上，越真实的环境经验对婴幼儿越有价值，越容易让婴幼儿建立正确的实物概念。

4. 鼓励适宜的交往

适宜的交往是婴幼儿"去自我中心"形成所必需的。只有在相互交往中，

婴幼儿才有机会了解别人的观点，才能学会协商冲突，逐渐减少"自我中心"倾向。相互交往也可以使婴幼儿的思维变得更为灵活和流畅，因为它给婴幼儿提供了更多观察别人解决问题的机会，使其学会用不同方式来解决同一问题和学会一个方法解决多种问题。

5. 给婴幼儿提供多感官统合发展的机会

美国心理学家爱尔丝提出"感觉统合"的概念，即各种感觉刺激在进入大脑之后，被中枢神经形成有效组合的过程。她用感觉统合失调来解释婴幼儿种种问题，并设计了一系列感觉统合训练来矫治感觉统合失调。所以，各种感官的协调训练是婴幼儿期不能忽视的。

（三）创设"问题情境"，激发婴幼儿思维动力

"问题情境"是激发婴幼儿进行认知的动力。婴幼儿无法自己创设环境，因此，需要成人预设问题环境去激发婴幼儿的认知。成人还可以故意提供不完善的环境，让婴幼儿自己补足条件或材料来完成游戏，借此提高婴幼儿的想象力。

（四）通过"探索与操作"游戏，培养婴幼儿独立思考的能力

重视"探索与操作"在认知训练中的作用，让婴幼儿在动手时动脑，在动手中发现，在动手中询问，在动手中提高。成人需要给予婴幼儿动手操作的机会，提供充足的材料供婴幼儿实践。比如：在玩绳的活动中，婴幼儿通过"把绳变成三角形或长方形""比较两根绳的长短"等游戏，学习几何图形、计数、数量关系等知识。

（五）善用"语词"，发展婴幼儿认知深度

语词是思维的工具。婴幼儿的思维一方面需要借助具体形象事物的帮助，一方面需要借助语言进行。语言用于思维的过程，也记录思维的成果。借助语词的概括，能够发展认知的深度。例如，有了代表同一类事物的词"植物"，婴幼儿才能把各种类型、颜色、形状不同的植物概括为一个概念。

开放话题

一方面，我们提倡教师为婴幼儿认知发展创设问题情境；另一方面，我们又提倡给予婴幼儿充分的自主性，让他们自己提出问题，解决问题。你觉得这两种观点冲突吗？如果你是教师，你会怎么处理两者之间的关系？

第四节 婴幼儿认知发展照护实务

一、婴幼儿感知觉发展照护实务

(一) 视觉发展的照护实务

1. 照护者务必高度重视婴幼儿接触的电子产品，采用合理的方式积极引导婴幼儿养成良好的用眼习惯。万万不能抱着孩子看电子产品，否则会对孩子视觉产生影响。随着孩子长大，必须限制其屏幕使用时间（每次不得多于15分钟），规范其使用电子产品时的坐姿以及距离。

2. 给予丰富刺激以满足婴幼儿五感发展需求。如：在新生儿床上方距离眼睛 20～30 cm 处挂 2～3 种绿蓝色的彩球。

3. 帮助婴幼儿形成远眺的习惯。

4. 避免日常生活中强光（太阳光、闪光灯）直射。

(二) 平衡觉发展的照护实务

照护人员可以用感统器材（多用滑梯、滚筒、羊角球、协力车等），也可以通过抓手指游戏、抱高（让婴幼儿坐在大人肩膀上，左右摇晃）等日常活动发展婴幼儿本体觉。在此过程中，要注意选用适合婴幼儿自身水平的器材，必要时可使用护具做好保护措施。

(三) 触觉发展的照护实务

沙子是婴幼儿成长中不可或缺的伙伴。玩沙前，照护者要和婴幼儿说明玩沙规则（不揉眼睛、不扬沙子、不吃沙子等）；玩沙过程中，务必有照护者陪同；当婴幼儿已经可以使用玩沙工具时，照护者必须讲解工具使用注意事项，示范玩沙工具的正确用法；还可结合沙与水的不同特性，让婴幼儿感受两者之间的不同触感。

二、婴幼儿概念掌握发展照护实务

(一) 游戏化操练物名对应

对于 5～6 个月的婴儿，照护者将奶嘴、袜子、椅子、玩具娃娃等婴儿熟知的物品放在婴儿手边玩一段时间后，再将以上物品放远一些（但仍在婴儿的视线范围内），然后询问东西在哪里，进行指认。对于月龄更大的婴幼儿，可采用在同一物品种类下集体接龙的方式熟悉实物概念。

（二）认知和动作发展照护过程相统一

在婴幼儿感知实物概念的过程中，照护人员可准备不同大小的瓶、罐（3个以内），让婴幼儿在探索过程中逐渐学会抓握、转动拧盖、扣盖等动作，同时对物体不同形状、重量和大小有所感知，丰富婴幼儿的操作体验。照护人员适时进行非参与式示范、互动交流、言语鼓励等。

（三）给予婴幼儿在日常生活中模仿的机会

例如用钥匙开门、自己吃饭、照料小动物等，不要过多限制孩子的行为。如果婴幼儿的探索出错，照护人员应采用合理的方法保护他们解决问题的主动性，不可粗暴地责备，更不可嘲笑或讽刺他们。

（四）遵循婴幼儿生长发育规律

不盲目攀比，不超前教育。当婴幼儿反复感知实物概念依然不能理解时，可让其先休息并安抚情绪，在日后抓住体验的机会继续练习。照护者切勿搞填鸭式灌输，让婴幼儿死记硬背，也不可以采用罚做、罚背的形式挫伤婴幼儿积极性。

（五）正视婴幼儿记忆现象

婴幼儿记忆保持时间短，精确性差，容易发生遗忘，因此帮助婴幼儿进行及时合理的复习十分重要。照护者要正视遗忘现象，并通过记忆游戏让婴幼儿感知一些记忆方法。

三、婴幼儿数理逻辑发展照护实务

（一）丰富培养方法

数理逻辑培养要采用亲子游戏、身体游戏、儿歌、绘本故事、利用生活契机渗透等多种方式，鼓励幼儿在操作、摆弄中想办法解决问题。如：身体游戏中常见的是沿直线一边走一边数数，感知数序；日常生活中锻炼幼儿分发碗筷或东西并让幼儿有意识地念出来，逐渐学会匹配；让幼儿参与衣服收纳、玩具整理，逐渐学会分类。

（二）给予充分的游戏时间和材料

在婴儿月龄较小时，成人需要时刻在旁陪护；随着婴幼儿长大，照护者可设置闹钟提醒自己定时查看婴幼儿状态,防止过度干预和打断,同时在婴幼儿可以看到的地方放置沙漏,让其感知时间的流逝。游戏材料投放高度适宜、便于婴幼儿自取自用的即可,多投放低结构材料供婴幼儿自主探究。如:纸箱、瓶瓶罐罐等常见的生活用品,树叶、种子、石子等自然材料,雪花片、磁力棒、轨道玩具等建构性材料,触觉球、各类铃锤、黑白卡等感官材料。

本章小结

本章主要学习了婴幼儿认知发展的相关内容,包括认知的概述、认知发展的规律与特点、认知发展的照护。

认知是大脑反映客观事物的特性与联系,并揭露事物对人的意义与作用的心理活动,是全部认识过程的总称。婴幼儿的认知发展具有由分到合、由近及远、由我及彼、由表及里的规律,以及以无意性认知为主、以自我中心为主、缺乏对事物整体属性的把握、自我认知能力开始发展、思维表现出直觉行动性等特点。

认知培养对婴幼儿发展具有重要意义,在对婴幼儿认知发展进行指导时要掌握一定的策略,主要从婴幼儿的感知觉发展、概念掌握发展和数理逻辑发展三个方面进行指导。

巩固练习

一、选择题

1. 婴幼儿方位知觉中最先感知到的方位是（　　）。
   A. 里外　　　　　B. 上下　　　　　C. 前后　　　　　D. 左右
2. 在婴幼儿眼中,往往是"万物有灵,万物有情"。这反映出其形象思维具有（　　）。
   A. 表面性　　　　B. 象征性　　　　C. 拟人性　　　　D. 经验性
3. 亮亮把蔬菜放进鱼缸,说应该让小鱼也多吃点儿蔬菜。这说明亮亮的思维具有（　　）。
   A. 表面性　　　　B. 固定性　　　　C. 具体性　　　　D. 经验性
4. 下列属于直接认知的过程是（　　）。
   A. 表象过程　　　B. 抽象过程　　　C. 感知觉过程　　D. 概念过程

5. 3岁以前的婴幼儿，思维主要处于（　　）阶段。
   A. 直觉行动　　　B. 具体形象　　　C. 抽象逻辑　　　D. 创建构造

6. 3岁幼儿主要以（　　）反映时间。
   A. 生物钟　　　B. 具体生活活动　　C. 时钟　　　D. 其他

7. （　　）左右的幼儿开始形成初步的时间概念。
   A. 1岁　　　B. 2岁　　　C. 3岁　　　D. 4岁

8. 颜色的（　　）是婴幼儿辨别颜色的主要因素。
   A. 色调　　　B. 明亮度　　　C. 饱和度　　　D. 色差

9. 在引导幼儿感知和理解事物"量"的特征时，恰当的做法是（　　）。
   A. 引导幼儿感知常见事物的大小、高矮、粗细等
   B. 引导幼儿识别常见事物的形状
   C. 和幼儿一起手口一致点数物品，说出总数
   D. 为幼儿提供按数取物的机会

10. 下雨天走在被车轮碾过的泥泞路上，晓雪说："爸爸，地上一道一道的是什么呀？"爸爸说："是车轮压过的痕迹，叫车道沟。"晓雪说："爸爸脑门儿上也有车道沟（指皱纹）。"晓雪的说法体现的幼儿思维特点是（　　）。
    A. 转导推理　　　B. 演绎推理　　　C. 类比推理　　　D. 归纳推理

11. 皮亚杰的"三山实验"考察的是（　　）。
    A. 儿童的深度知觉　　　B. 儿童的计数能力
    C. 儿童的自我中心思维　　D. 儿童的守恒能力

12. 小朋友午餐时不小心将餐盘掉到地上，看到这一幕的亮亮对老师说："盘子受伤了，他难过得哭了。"这说明亮亮的思维特点是（　　）。
    A. 自我中心　　　B. 泛灵论　　　C. 不可逆　　　D. 不守恒

二、简答题

1. 婴幼儿认知的发展有哪些规律？
2. 如何对婴幼儿的空间概念进行训练？
3. 婴幼儿认知发展具有哪些特点？

第五章

婴幼儿语言发展与照护

学习目标

知识目标：

1. 明确语言以及婴幼儿语言的概念；
2. 了解语言培养对婴幼儿发展的意义；
3. 掌握婴幼儿语言发展的规律和特点；
3. 了解婴幼儿语言发展的主要内容。

技能目标：

能够熟练应用婴幼儿语言指导策略，对婴幼儿语音、词汇、句子几个方面的发展做出科学指导。

素养目标：

培养良好的语言运用能力，具有良好的沟通能力和表达能力。

知识图谱

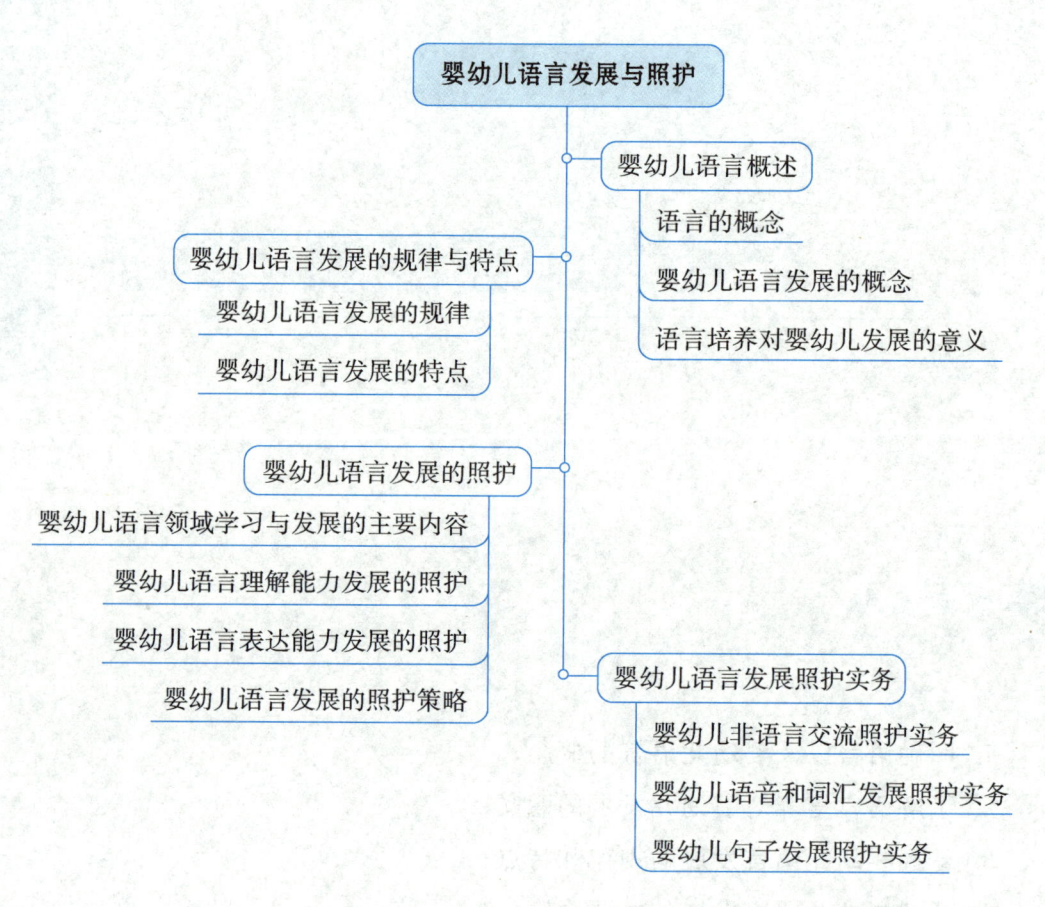

- 婴幼儿语言发展与照护
  - 婴幼儿语言概述
    - 语言的概念
    - 婴幼儿语言发展的概念
    - 语言培养对婴幼儿发展的意义
  - 婴幼儿语言发展的规律与特点
    - 婴幼儿语言发展的规律
    - 婴幼儿语言发展的特点
  - 婴幼儿语言发展的照护
    - 婴幼儿语言领域学习与发展的主要内容
    - 婴幼儿语言理解能力发展的照护
    - 婴幼儿语言表达能力发展的照护
    - 婴幼儿语言发展的照护策略
  - 婴幼儿语言发展照护实务
    - 婴幼儿非语言交流照护实务
    - 婴幼儿语音和词汇发展照护实务
    - 婴幼儿句子发展照护实务

情景与问题

20个月的乐乐能说的话越来越多了，但是乐乐说话特别有意思，常常是简短、不完整的话，如把"爸爸上班"说成"爸爸班"，而且说的时候顺序常常颠倒，如将"没有两只耳朵"说成"两只耳朵没有"，把"宝宝吃糖"表达为"糖宝宝吃"等。

问题引导：乐乐说话为什么不能完整地表达语句？为什么总是颠倒语句顺序？请同学们试着讨论分析乐乐为什么会出现这种现象。

第一节　婴幼儿语言概述

一、语言的概念

语言是人类特有的机能活动，是以语音为载体、以词为基本单位、以语法为构建规则的符号系统。语言是一种社会现象，是人们最重要的交流工具，在人的认知和社会性发展过程中起着重要作用。语言随着社会的产生而产生，随着社会的发展而发展，不同的民族和文化会形成不同的语言，如汉语、英语、德语等。除此之外，语言能使人直接感知具体的事物，形成感觉、知觉和表象，还能使人间接认识事物的本质和规律，形成抽象逻辑思维，从而使人的认识由感性水平上升到理性水平。语言使我们认识客观世界、自己的主观世界以及主观与客观的关系，从而使人能适应环境，改造环境。

语言本身是一个非常复杂的结构系统，包括语音、语义、语法、语用四个方面的内容。婴幼儿必须逐步掌握以上四个方面的技能和规则，才能获得理解和运用母语的能力。

要注意区分语言和言语的差异。言语指人们运用语言的过程，包括理解别人的语言和自己运用语言的过程。我们常说的"听说读写"都属于言语活动。言语和语言是两个不同的概念，但是两者又密切联系。

二、婴幼儿语言发展的概念

婴幼儿语言发展即语言的获得，指婴幼儿对母语的产生和理解能力的获得。语言是婴幼儿学习概念、发展智力、扩大交往范围及促进社会化发展的基本前提。婴幼儿语言的发生与发展的重要生理基础和必备前提是听觉系统、发音器官以及大脑神经中枢的发展与成熟。正是这些人类高度发展的、独特的生理基础，才使婴幼儿获得了其他动物所没有的像语言这样复杂的符号交流系统。

资料拓展

额叶位于大脑前部，占大脑皮质的1/3。研究发现，左额叶负责词语的认知记忆功能，右额叶负责图像的认知记忆功能。左额叶受损的患者在言语活动方面虽然有复述的能力，但对变化的词序掌握有困难，他们往往缺乏洞察力、自发性和积极主动性。额叶受损伤会导致额叶综合征，患者缺乏说话的愿望和动机，主动性言语受到严重破坏，患者会跟从问话回答，说一些重复性的语言，但是不会回答"晚饭吃的什么"这类问题。

三、语言培养对婴幼儿发展的意义

语言与婴幼儿的生活息息相关，对他们的身心健康有积极的影响。因此，婴幼儿语言的发展能促进其整体素质的发展，为他们的人生发展奠定基础，从而促进人类的文明与进步。总之，语言的发展是婴幼儿心理发展的重要方面，它对婴幼儿其他方面的促进作用十分突出。

（一）婴幼儿时期是语言发展的关键期

从婴幼儿身心发展的特点看，婴幼儿正处于语言发展的关键期，抓住关键期施加照护影响往往会产生事半功倍的效果。

0~3岁是大脑发育的关键期，后天环境对大脑发育有重要影响，良好的照护条件能促进婴幼儿大脑发育。认知发展神经学家策布拉·米尔斯提出："早期经验塑造婴幼儿终身学习的大脑结构。"

0~3岁也是语言发展的关键期。1岁前被认为是语言准备期。有学者指出，8~10个月是婴幼儿开始理解语义的关键期，9个月~2岁是理解语言的关键期，1岁半左右是口头语言开始发展的关键期，2~4岁是表达语言发展的关键期，3~4岁是语音发展的飞跃期。在关键期内，如有适宜条件，婴幼儿各方面的语言能力就可以得到迅速发展；反之，如没有适宜的环境和照护，婴幼儿的语言发展将受限，而且无法弥补。

开放话题

城市化、全球化的发展，以及家长盲目追求孩子学习多种语言等原因，导致多种语言混杂着说的现象越来越普遍。多种语言混杂着说是否有利于婴幼儿语言发展？有哪些注意事项呢？

典型案例

美国女孩珍妮患有先天性疾病，父亲把她关在一个小房间里达12年之久，使她几乎与世隔绝。1970年，珍妮13岁时被警察营救出来并送到医院。

当时，她神情恍惚，不会说话，身体极度虚弱。经检查，她的机体功能正常，无脑损伤症状。经过1年的训练，她基本能理解别人的简单语言，也会用语言表达极简单的意思，并掌握了大约200个单词。但是2年之后，她仍未学会使用语法。她的语言水平只相当于3岁左右的儿童。

（二）语言教育活动能促进婴幼儿交往

当婴幼儿还不能理解成人语言或者无法进行表达时，他们与外界的交流十分有限。例如，婴幼儿常用啼哭表达不同的意思，成人有时需要猜测他们究竟是怎么了，是饿了、困了，还是病了。在婴幼儿学会说话之前，啼哭可以说是交流的基本方式之一。

资料拓展

婴儿哭声的类型

北京师范大学教授陈帼眉综合、概括了已有的研究材料，认为婴儿从出生后相继出现的哭有以下几种：

饥饿时的啼哭（哭声有节奏，啼哭时伴有闭眼、号叫、双脚乱蹬等动作）；

发怒时的啼哭（婴儿发怒时哭声往往有点失真，这是婴儿吸气过于用力，迫使大量空气从声带通过，震动声带而引起的）；

疼痛时的啼哭（突然高声大哭，之前既没有呜咽，也没有缓慢地哭泣，而是拉直了嗓门连续大哭数秒，接着是平静地呼气，再吸气，又呼气，由此引起一连多次的哭声）；

恐惧或受到惊吓时的啼哭（如对初生婴儿突然抽动其身体下的毯子或出现高的声音时，其哭声特征是突然发作，强烈而刺耳，伴有间隔时间较短的号叫）；

不称心的啼哭（在无声无息中开始的，如同疼痛时的啼哭一样，但没有长时间的屏息，开始时的两三声是缓慢而拖长的，持续不断，悲悲切切）；

招引别人的啼哭（从出生后第3周开始出现，先是长时间"吭吭哧哧"，低沉单调，断断续续，但如果没有人去理他，他就会大哭起来）。

有目的、有计划地开展语言教育活动能提高婴幼儿的语言理解力和表达能力，即使不会说话，他也能理解成人语言，生活以及游戏的内容都大大增加。1

岁左右，婴幼儿开始说话，他能在实际生活中表达自己的想法、愿望及要求，从而能够与人进行更好的交流，如婴幼儿说"吃果果""下楼玩""妈妈抱"等短句，即使表达得不够完整，但是在特定的情境下，成人完全能够明白他的意思，并能在此基础之上进行交谈。

婴幼儿语言的发展也能促进他与同伴的交往，他们互相打招呼、玩玩具、做游戏，很容易在交往中获得成功的体验，在同伴交往和集体活动中又提高了婴幼儿学习语言和运用语言的积极性。

（三）语言教育活动能促进婴幼儿的认知活动

语言与认知活动密切联系，相互促进，共同发展。一个人的语言行为只有与其认知行为协调时，他的语言能力才是完整的。在现实生活中常看到这样的现象：语言发展迟缓的婴幼儿常常伴有不同程度的智力障碍。虽然语言能力和其他认知能力的因果关系还有待于进一步研究，但是可以确定的是由于语言的参与，婴幼儿的认知过程发生了质的变化。语言与思维是不可分的，婴幼儿语言能力的高低会影响他们的思维活动，婴幼儿借助词汇可以认识事物的名称、形态、习性及特征，把感知的事物及其属性特征标示出来。如幼儿说"这是苹果""苹果是大大的、甜甜的"，说明他已经认识了"苹果"这一事物，并且知道了苹果的主要特点。

语言不仅可以使婴幼儿直接认识事物，还能使其间接地、概括地认识事物。借助词汇，婴幼儿还可以把事物加以比较，说出它们的共同特点或不同特点。如幼儿说"这是大皮球""这是小皮球"。正如皮亚杰所说："语言具有双重意义，它既是一种凝缩的符号，又是一种社会的调节。"语言在这种双重意义中便成为思维发展不可缺少的因素。

（四）语言教育活动能促进婴幼儿的良好情感

在语言教育活动中，家长与孩子之间的亲子交流能带给孩子极大的愉悦，满足孩子爱的需要。如家长一边讲一边指着书中的画面，让孩子跟着看，有时看到熟悉的水果、动物或生活用品，还引导孩子一起说，或是把故事情节讲给孩子听，或是回答孩子的问题，都能激发孩子的兴趣，增进其与父母的亲近感。

在讲故事、看图书的过程中，语言交流能使婴幼儿获得感官上的享受和情感上的满足。感官的享受是一种视听方面的满足，婴幼儿听到家长或早教教师充满感情的声音，听到故事中各种有趣的情节，会感到心情愉快。婴幼儿在听的过程中看到图画书上鲜艳的色彩、生动的人物、精美的画面，会在视觉上获得极大满足。

总之，0~3岁的语言发展是婴幼儿心理发展的重要方面，而且对其以后的语言及其他方面的发展均有益处。

资料拓展

布洛卡区与失语症

早在1836年就有学者提出，失语症与左脑有关，但未引起人们重视。1861年，法国医生布洛卡（Broca）在巴黎的一次学术会议上发表了失语症患者的脑部尸检报告，在左侧大脑额叶发现了语言控制区。布洛卡在检查其中一个患者的大脑时发现，该患者的病变区域位于额叶后部，患者生前丧失语言功能，仅能说"tan"这个词。在后来的2年里，他又收集了更多的病例，最后在1885年发表了一篇著名的论文《我们用左大脑说话》。

布洛卡所指出的额叶的额下回后部被命名为布洛卡区。它的主要作用是激活发音器官，产生说话活动。若该脑区受损，患者虽能发音，但不能说出流畅连贯的语句，这种表达障碍称为表达性（运动性）失语症。

表达性失语症表现出的语言障碍可以从语言轻微丧失到完全丧失，大多数患者会出现语法困难、词汇有限、表达不连贯、理解困难等现象，他们较多用名词和动词，缺乏形容词和副词，不能处理动词的变化，有的不能使用代词和连词，因此说出来的句子多为简单句。这些口语表达方面出现的障碍还会扩展至书写方面，影响书面表达。具有双语或多语能力的患者原本掌握的语言会受到同样损害。

典型案例

临床观察证实，左脑损伤导致失语症的患者可以有一定程度的语言功能。一例右利手女性患者在切除左脑皮质后仍能说出"是""请""再见"等简单的语言；另一例右利手的男性患者在切除左脑皮质后仍能自发说出很多短语，并可重复他人言语中的单词。总之，右脑也具有一部分语言活动的特殊功能。

开放话题

很多家长认为孩子的语言能力是需要从小抓起的，因此外语越早学越好，于是很多孩子在托幼时期就开始学习外语。但另一方面，有研究者提到早学习外语很有可能对婴幼儿学习母语造成干扰。对于这些观点，你有什么看法？

第二节 婴幼儿语言发展的规律与特点

一、婴幼儿语言发展的规律

婴幼儿语言的发展是一个连续的、有秩序的、有规律的、由量变到质变的过程。虽然婴幼儿个体语言发展程度与速度不同，但在语言发展顺序和特点上具有共同趋势。

（一）从语言接受到语言表达的发展过程

语言是双向的活动，其活动过程主要包括语言接受（含语言感知、语言理解）和语言表达两个过程。在婴幼儿语言发生、发展的过程中，两个过程并不完全同步，语言接受先于语言表达。从语言构成的基本要素的发展来看，语音知觉发生、发展在先，正确发出语音在后；语词理解在先，讲出语词在后；对语句意义理解在先，运用某种语句进行表达在后。

（二）从非语言交际到书面语言的发展过程

婴幼儿语言的发展经历了非语言交际、口语交际、书面语言相互交叉的三个阶段。语言是人际交流的重要手段。在语言产生以前，0~1岁婴幼儿主要处于非语言交流阶段，即利用声音、身体姿势及动作来进行交流；2~3岁幼儿以口语表达为主（听、说）；4岁以后，幼儿逐渐掌握书面语言（读、写）。

（三）从情境性语言到连贯性语言的发展过程

情境性语言表现为婴幼儿在对话中常用不连贯的短句，时常辅以手势、动作和表情进行补充表达，听者必须结合具体情境才能理解婴幼儿的意思。连贯性语言主要是在独白中使用，其主要特点是句子完整，前后连贯，听者仅从言语本身就能理解说话者的意思。3岁前的婴幼儿只能进行对话，不会独白，所以他们的语言主要是情境性语言表达。

（四）从外部语言到内部语言的发展过程

语言的发展经历了从"外部语言"到"自我中心语言"，再出现"内部语言"的发展过程。

外部语言是用来与别人进行交流的语言，包括口头语言（说、听）和书面语言（读、写）两种。口头语言包括对话和独白两种形式。婴幼儿掌握的主要是口头语言中的对话。此时的婴幼儿语言局限于向成人提出要求、问题，或回答他人问题，常常是一问一答的对话。而婴幼儿独自讲话时，往往不连贯，夹杂着丰富的手势和表情。至于书面语言，一般在4岁以后才会出现。

自我中心语言是一种不出声的、对自己讲的语言，与抽象思维与计划的行为有密切联系。我们可以发现婴幼儿时常会出现自言自语的现象，那其实就是一种自我中心语言的表现。

内部语言是在婴幼儿外部语言发展到一定阶段的基础上逐步产生的，是外部语言的内化。自我中心语言一般在3岁左右达到高峰；到了7~8岁时，自我中心语言逐步消失。

资料拓展

语言习得顺序假说

美国语言教育家克拉申（Krashen）的语言习得顺序假说（The Natural Order Hypothesis）认为，无论是母语习得还是第二语言习得，无论是儿童还是成人，以及无论习得者的文化背景如何，他们都以一种可预见的顺序习得语言规则。例如，在英语中，进行时"-ing"是最容易习得的词素，而所有格"'s"则是最后才能习得的词素。尽管克拉申认为对语言规则的掌握有一定的顺序，但他并不认同按照语法顺序来编排教程。他提倡习得者应该充分地接触丰富的语言材料，然后以"自然的顺序"自主地内化语法体系。

二、婴幼儿语言发展的特点

（一）婴幼儿语音发展的特点

语音是语言的声音，是语言发展的前提。婴幼儿发音器官的生理发展具有共同的规律，因此婴幼儿最初的语音发展也呈现出普遍的规律性。婴幼儿的语音发展主要经历了四个阶段，即单音节阶段、双音节阶段、多音节阶段和学话萌芽阶段，此时的幼儿能够正确地模仿成人的语音，并且能将语音和某些特定的词语联系起来，产生了最初的有意义的语音（即词语）。婴幼儿语音发展的特点主要表现在语音知觉、语音表达和语音准确性三个方面。

1. 语音分辨能力逐渐发展

0~1岁是婴幼儿语音发展的敏感期。1岁左右的婴幼儿已能模仿发音，并能简单听懂成人的语言，开始正式进入语言学习的阶段。研究发现，婴幼儿具有成人所不具备的完美的语音分辨能力，而且这种能力随着婴幼儿年龄的增长而逐渐下降。0~1个月的婴儿就能对声音进行空间定位，根据声音的强弱、频率、持续时间等来辨别各种声音的细微差别；2~4个月的婴儿能鉴别区分并模仿成人所发出的语音，能辨别清浊辅音；6~8个月的婴儿是"世界公民"，他们能区分世界各民族语言中不同的语音；10个月以后，婴儿的辨音能力急速下降；12个月以后，幼儿逐渐成为只能区分自己母语语音的"受文化局限的听众"；3岁左右，幼儿初步掌握本民族的基本语言。

2. 语音表达开始有意义

婴幼儿1岁左右开始说出第一批词汇，正式发出有意义的语音，言语真正产生。发展过程中，语音表达会受到发音器官的生理成熟程度和语音的难度限制。在语音表达的发展方面，首先，婴幼儿从无意义发音到有意义音节，进入言语发展阶段，婴幼儿逐渐学会使用语音和语调表达意思。例如，嘴里发出"huhu"音，手指向水杯，以此告诉成人"要喝水"，这时的语音表达因为意有所指，表现得有意义。其次，元音的表达早于辅音。此外，语音从单音节 a、ei、yi 等向多音节 mama、baba 等发展。

3. 语音准确性逐渐增强

在婴幼儿语音发展过程中，1岁前属于语言准备期，语音发展比较缓慢。研究表明，3~4岁是语音发展的飞跃期。进入该阶段，语音发展比较迅速，在良好的语音环境下，发音逐渐趋于准确。但是4岁以前的婴幼儿明显存在着发音不准的现象，且发音的错误大多发生在辅音上。一般来说，大多数婴幼儿的发音不清属于暂时现象，是婴幼儿期大脑语言中枢和发音器官尚不成熟的表现，随着年龄的增长，一般都会逐步改善。

资料拓展

"儿语"是指成年人用声调高而夸张、发音缓慢而清晰、词汇重复的方式，与婴幼儿进行交流，仿佛在模仿小孩子的说话方式。如：吃饭饭、睡觉觉、手手等。《儿童疾病文献》（Archives of Disease in Childhood）刊登了一篇研究报告，指出当婴儿听到父母有意识地跟他们说话的时候，他们的大脑变得更加活跃。但有专家建议，在一岁半以后，应减少使用儿语与婴儿交流，因为这种交流对婴儿未来的个性和语言发展有一定影响。照护者对婴幼儿要仔细观察并耐心倾听，当宝宝的语言能力已经超过儿语时，比如宝宝已经学会说整句话，能够表达自己的意思后，儿语的积极作用就会大打折扣。

典型案例

贝贝是一个刚满周岁的宝宝，在她学说话前，有个过渡阶段——用手指东西，这就是贝贝的手指语言。当全家人一起在外面乘凉的时候，如果有人问"妈妈在哪里"，贝贝虽然不会说话，却能在人群中指出妈妈。当被问到"奶奶呢"，她也会转过脸来，指向奶奶。贝贝看图画书时，如果妈妈问"小猪呢"，她会用手指在图画中找出小猪。如果妈妈问到图画中其他小动物，凡是贝贝认识的，贝贝都能够用手一一指出。

分析：贝贝的手指语言充分说明贝贝已经能将她所熟知的事物的音、义和具体事物之间建立起准确的联系。

（二）婴幼儿词汇发展的特点

词是语言中的音义结合体，是语言中的表义系统。婴幼儿词汇发展主要表现在词汇量增加、词类增多和词义理解加深三个方面。

1. 词汇量不断增长

一般来说，婴幼儿词汇量随着年龄的增长而增加。1.5～2岁是婴幼儿掌握词语的第一个关键期。从婴儿9～10个月左右说出第一个有意义的单词开始，在10～15个月期间以平均每月掌握1～3个新词的速度发展；到19个月时，幼儿已经能说出约50个词了；19个月后，幼儿掌握新词的速度加快，平均每个月能学会25个新词，到24个月时已掌握约300个词。这种掌握新词速度猛然加快的现象是以后各阶段不会再有的，称为"词汇激增"或"词语爆炸"现象。到3岁时，幼儿的词汇量可达1000个左右。

资料拓展

语言沉默期与发音紧缩现象

根据语言学家克拉申的语言习得顺序假说，语言沉默期是人类语言学习过程中的一个阶段，主要指第二语言习得者没有足够的能力讲话那段时间，短至几小时，长达几年。发音紧缩现象即婴幼儿（1岁以后）在前言语阶段所能发出的母语中有的或者没有的语音在这一阶段都发不出，无意义的连续音节大大减少，往往用动作和手势示意，独处时也停止了自发发音活动，出现一个短暂的相对沉默时期，是婴幼儿在接触和理解语言时进行消化和吸收的过程。

由此可见，二者都涉及儿童在某个发展阶段的"沉默"或减少语言输出的现象，都是儿童语言发展过程中的正常阶段。但从发生时间来看，前者发生在初次接触目的语（第二语言）的过程中，后者发生在自然习得母语的过程中；从原因和目的来看，前者是为了获得目的语的语音、词汇、句法系统，后者是一个自然现象，与儿童的语言理解和表达能力有关。

2. 词类逐渐增多

婴幼儿词类的掌握顺序是从实词到虚词。婴幼儿的词汇表达主要是实词表达，尤其以名词、动词、形容词为主，虚词很少。其中，最先掌握的是名词和动词，在2岁以后开始掌握形容词、代词和副词，2岁半以后开始逐渐掌握介词、连词、量词、叹词、助词等词类。

典型案例

游戏"包饺子"（13~18个月）

【游戏目的】

1. 丰富词汇量，培养语言连贯性；
2. 培养观察力、模仿力，锻炼手的灵活性。

【游戏准备】

宽敞的室内场地，铺好泡沫地垫，饺子的图片1张。

【游戏过程】

早教老师示范包饺子的动作，一边念儿歌一边做动作："宝宝，老师在做什么呢？老师在包饺子。你们想吃吗？"然后，指导家长和孩子一起玩。在游戏中，请孩子平躺，扮作"饺子"。家长边念儿歌边带孩子做被动操。结束后，请家长和孩子鞠躬，说"谢谢"。

【游戏指导】

家长在玩游戏时，应投入感情，声情并茂。家长回家后也可以和孩子玩这个游戏，通过被动操和抚触，增强亲子之间的感情。请家长反复地、清晰地、有感情地念儿歌，加深孩子对这首儿歌的记忆，为孩子清晰地说话做准备。

附儿歌《包饺子》：

擀擀皮，和和馅，
捏捏饺子剁三下。
煮一煮，翻一翻，
捞起饺子晾一晾，
尝尝饺子香不香。

3. 词义理解加深

词义的理解有赖于概念的形成和发展。婴幼儿受认知水平所限，对词汇的理解具有较强情境性和具体性，词的概括性程度较低，存在着词义泛化、窄化和特化等现象。"词义泛化"是指用一个词代表多种事物（即外延扩大），如"猫"指的是所有四肢行走的动物；"词义窄化"是指婴幼儿对词义的理解具有专指性（即外延缩小），如"爷爷"指家里自己的爷爷，遇见其他老人，家长让叫"爷爷"，孩子会流露出疑惑的神情；"词义特化"是指婴幼儿的词语指称对象完全与目标语言不同（即匹配错误）。

12～18个月的幼儿处于具体理解阶段，虽然在此阶段所说词汇不是太多，但能听懂并理解的词汇远远多于所说词汇；19～24个月的幼儿对词义的理解逐渐加深，对词的概括能力逐步提高，开始由具体认识发展为概括理解；2～3岁幼儿的语言理解能力迅速提高，词义的泛化、窄化、特化现象开始减少，概括性进一步提高，不过，受思维发展特点的影响，对某些词汇的理解还具有直接性和表面性，只能理解词汇的常用意义，如"凶猛"一定与猛兽相联系。

资料拓展

语觉论

语觉论是北京师范大学何克抗教授在继承和发展后天环境论和先天决定论的基础上提出来的一种新的语言理论。他认为人类除了视觉、听觉、味觉、嗅觉、躯体觉等五种感知觉之外，还有一种"语觉"，即语义知觉——专门用于感受与辨识语义关系的知觉。语觉论对人类的言语理解和话语生成所涉及的语音、语义、语法等三种不同的心理加工过程进行了深入分析，并得出以下结论：语音心理加工（包括"语音感知"和"语音辨析"）具有先天遗传性，语义心理加工（对语义的分析与识别）具有先天遗传性，语法心理加工（包括"词法分析"和"句法分析"）具有后天习得性。

语言研究者进而从以上三个方面总结出言语理解与言语生成的心理加工过程，具体内容如下：

言语理解的心理加工：语音感知→语音辨析→单词识别→语块生成→语义辨析。

言语生成的心理加工：语义匹配→语义分离→单词识别→音位规划→发音规划。

根据以上理论，语音和语义的心理加工具有先天遗传性的特质，而语法的心理加工则与遗传毫无联系。

(三) 婴幼儿句子发展的特点

句子是由词或词组按一定规则构成的表达完整意思的最基本的语言单位。婴幼儿句子发展的特点主要体现在以下几个方面：

1. 从不完整句到完整句

婴幼儿最初的句子结构是不完整的，会用一个词或者几个词表达一句话的意思，并且前后次序颠倒。比如，"阿姨打针"（阿姨给我打针），"两个眼睛没有"（没有两个眼睛）。婴幼儿最初的句子并不体现语法规则。2岁起，幼儿开始能说出具有主谓结构的完整句，此时幼儿的句子才粗具基本结构。随着年龄的增长，句子结构逐渐完善，从松散到严谨，从混沌一体到逐步分化。

2. 从简单句到复合句

从婴幼儿开口说话开始，1~3岁期间，婴幼儿句子表达经历了单词句、多词句、简单句、复合句几个阶段。其中，1~1.5岁为单词句阶段；1.5~2岁为多词句阶段，开始能说出结构完整的简单句，如主谓句"妹妹睡觉觉了"、主谓宾句"宝宝吃糖"、主谓双宾句"阿姨给妹妹好吃的"等；2~2.5岁为简单句阶段；2~3岁为复合句阶段，复合句所占比例不大，幼儿使用的复合句具有结构松散、缺乏连词的特点，以联合复句为主，尤其是并列复句较多。在幼儿使用的句子中，简单句约占90%，复合句约占10%。

3. 从无修饰句到修饰句

婴幼儿最初的句子（单词句、多词句）没有修饰语，如"车车走了""妈妈抱抱"。2岁半幼儿开始出现有简单修饰语的句子，如"老爷爷走了"，但这个时候是把它们作为一个词组来使用，即"老爷爷"就是"爷爷"。

4. 从陈述句到非陈述句

婴幼儿最初掌握的是陈述句。疑问句产生得也比较早，2岁左右是幼儿疑问句的主要产生时期，这对于婴幼儿社会化的发展具有重要意义。

(四) 婴幼儿口语发展的特点

口语即口头语言，区别于书面语言。婴幼儿在口语发展上有以下特点：

1. 以对话语言为主

3岁以前，婴幼儿的口语以对话语言为主，婴幼儿与成人的言语交往局限于向成人提出要求、问题，回答成人的问题等，常常是一问一答的对话。婴幼儿独自讲话，往往不连贯，还夹杂着丰富的手势和表情。

> **典型案例**
>
> 游戏"一问一答"（1~2岁）
>
> 【游戏目的】
> 引导幼儿听指令做相应的动作，提高幼儿对语言的理解能力。
>
> 【游戏过程】
> 与幼儿坐在一起，用打电话的方式向幼儿问好，让幼儿知道自己的名字，也可以鼓励幼儿与其他幼儿相互问候。早教人员示范语言和动作："贴贴纸，贴哪里？贴贴纸，贴衣服。"早教人员一边说一边将手中的贴纸贴在衣服上。早教人员发出指令，鼓励幼儿一边用动作回答一边可以发出声音。
>
> 【游戏指导】
> 2岁左右的幼儿已经能够听从成人的简单指令来做相应的事情。成人可以有意识地让幼儿去拿东西，以认识物品的名称，并鼓励幼儿将拿到的东西或做的事情说出来。

2. 接尾策略

接尾策略是婴幼儿使用语言时常用的一种策略，即不管实际情况如何，只选用问句末尾的一些词语作答。这种现象主要发生在1.5~2.5岁，3岁左右消失。

3. 破句现象

2~3岁的幼儿思维速度往往超过他们说话的速度，经常会出现说话不流畅的现象，表现得犹豫不决或经常重复同一个单词或语句，看似口吃。随着年龄的增长，这种发育性口吃会逐渐消失。

> **资料拓展**
>
> 妈妈语
>
> "妈妈语"是心理学术语，用来描述妈妈与婴幼儿之间交谈的语言，语速慢，声调高，音调夸张。当妈妈轻拍孩子并对他说话的时候，孩子就会随着妈妈话语的节奏挥舞手臂，踢动小腿。当妈妈朝着孩子发出各种声音，对他说话时，他就会发出相似的声音回应妈妈。
>
> "妈妈语"往往和孩子最初的歌唱、说话很相似，我们称作说唱。说唱和歌谣、歌曲一样，也有节拍、重音和节奏，有声调的轻重、快慢、高低的变

化，如朗诵诗词、哼唱童谣等。有研究人员发现，4个月大的婴儿能够识别走调的音符以及旋律的变化，6个月左右的婴儿就能跟唱一定音高的音符以及一些简单的旋律，所有这些都是孩子接受语言启蒙的一种自然的方式。这些语言在父母和婴幼儿之间高频率地使用，节奏感很强，它不但能激发孩子的情感，而且有利于语言的启蒙。

典型案例

茹茹是个刚满15个月的女孩，她说"大车"时，往往发音类似"a che"，丢失"d"的音，而她的同伴萍萍发音却比她精准。妈妈怀疑茹茹是"大舌头"。

请思考：茹茹真的是"大舌头"吗？

开放话题

有人说："只要是在人类社会环境中生活的、生理正常的孩子，就一定能学会说话。"另外一种观点则认为语言发展受多方面因素的影响，不良的生活环境会导致孩子"失声"。你赞成哪种观点？为什么？

第三节　婴幼儿语言发展的照护

一、婴幼儿语言领域学习与发展的主要内容

婴幼儿语言能力包括语言理解能力和语言表达能力。

语言理解是将对语言符号（声、形）的知觉转换成其所代表的事物（义）的过程，也即揭示出语言信息的意义的过程。这需要个体根据自己的知识和经验来进行积极、主动的建造（也是"转换"）活动。语言理解主要包括"听""读"活动，具体内容包括语音理解、词汇理解和句子理解三个方面。

语言表达是个体以语言为载体，通过言语器官或其他部位的活动向别人传递信息的过程，又称"语言产生"。它受一定目标的指引，又受认知系统直接支配和调节，是一种有目的的认知活动，和记忆密切相关。语言表达主要包括

"说""写"活动，具体内容包括前言语表达、词汇表达、句子表达三个方面。

二、婴幼儿语言理解能力发展的照护

（一）婴幼儿语音理解能力发展的照护

语音是语言的物质载体，是由人类发音器官发出的表达一定语言意义的声音。在婴幼儿语言发展的过程中，语音感知在先，然后是理解，正确发出语音在后。

婴幼儿语音理解学习与发展的主要内容及指导有以下几个方面：

1. 声音感知与辨别

声音感知是语音理解的基础。新生儿的听觉较敏锐，他们不仅能够听到声音，而且具有一定的辨别声音差异的能力，比如高低、强弱、品质、来源、持续时间等。2~3个月的婴儿能够分辨非常相似的发音（如 ba 和 pa），4个多月的婴儿能够记忆和分辨经常听到的词语。

声音感知与辨别的主要训练项目有：

（1）进行丰富的声音刺激。生活中要注意用各种声音刺激婴幼儿，丰富婴幼儿的听觉经验。比如经常跟婴幼儿说话、播放舒缓的音乐等。同时，婴幼儿听力容易受损，注意声音不能太大。

（2）辨别声源方位。通过练习，出生2天的新生儿就具有声音定向的能力，学会听到"嗡嗡"声向左转头，听到"咔嚓"声向右转头。成人可以在不同方位、不同距离的地方说话，或是拿一些会响的玩具，比如铃铛、沙锤等来吸引婴幼儿的注意，让其感知不同方位发出的声音，学习辨别声源。成人也可以结合生活中的各种音响，比如门铃、电话等，让婴幼儿找出声音的出处。

（3）辨别声音。成人可以用录音机录下大自然各种美妙的声音，引导婴幼儿倾听、模仿和想象。也可以利用音乐或是敲打生活中的物品，让婴幼儿感知不同物品的声音，辨别声音的大小和高低，并学会把声音和相应物体联系起来。

典型案例

谁来了

【游戏目的】

感知语音是获得语言的基础。游戏旨在提高婴幼儿的听音和发音能力。

【游戏过程】

游戏时，早教人员扮演小白兔，说："我是小白兔，今天要请客。敲门声响起，看看谁来了。"早教人员发出"嘟嘟嘟"的敲门声，做出开门动作，说

"喵喵喵，我是小花猫"，让婴幼儿跟着模仿，重复念"喵喵喵，我是小花猫"。早教人员还可以扮演小青蛙，配合"呱呱呱，我是小青蛙"的台词。

【游戏指导】

游戏过程中，早教人员应面对着婴幼儿，面带表情，配合动作，准确地发出相应的声音。可以重复多遍，直到婴幼儿能准确对应动物和拟声词。早教人员在发出声音之后，应给予婴幼儿一点时间思考。

2. 语音感知与辨别

语音感知是指对语言中语音的识别和辨别，为语言理解提供必要的条件。只有"听准音"，才可能"听懂义"。语音理解是以语音感知为基础的。婴幼儿对语言刺激是非常敏感的。出生不到10天的婴儿就能区分语音和其他声音，并对语音表现出明显的偏爱。几个月大的婴儿还具有语音范畴知觉能力，能分辨两个语音范畴之间的差别，如 b 和 p 的区别，而对于同一范畴内的变异则予以忽略。

语音感知与辨别的主要训练项目有：

（1）辨别不同人的声音。除父母以外，家里其他人也要经常跟婴幼儿说话，让婴幼儿感知不同性别、不同年龄、不同音色的人的不同声音，加强婴幼儿语音的感知与辨别能力，这也是对语音的一种综合理解和判断。

（2）区分语气语调。成人要多与婴幼儿进行面对面的交流，并注意面部表情和语音语调的变换，以提高婴幼儿对语音的分辨和理解能力。比如，在为婴幼儿讲故事时，用不同的语气语调，配合着不同的面部表情去表达不同的情绪。

3. 语义感知与理解

八九个月的婴儿能将语音与语义联系起来，已经能"听懂"成人的一些言语，表现为能对言语做出相应的反应，开始真正理解成人的语言。婴幼儿最初理解的词汇是日常生活中较为直观具体的词汇，比如：爬、走、伸手等表示身体动作的动词，或是爸爸、妈妈、鼻子、眼睛这样的常见名词。

典型案例

宝宝学听话

【游戏目的】

帮助宝宝理解简单的句意，并能对个别词语做出反应（爬、拿、摇、抱、谢谢)。

> 【游戏准备】
> 各种玩具(小铃铛、软球、小汽车、积木、带响玩具),塑料玩具筐。
> 【游戏过程】
> 将各种玩具放置于宝宝面前,家长观察宝宝的情绪和操作摆弄过程,并根据宝宝的动作表现用语言加以表述,引导宝宝逐步地理解词语并做出相应反应。如,当看到宝宝抓起小铃铛摇摆时,家长应对此动作用语言加以表述:"宝宝抓到小铃铛了。小铃铛摇一摇。"当宝宝用手伸向某一玩具时,家长可提示:"宝宝要带响玩具吗?妈妈拿给你。"鼓励宝宝做"谢谢"的动作表示回应。游戏中,家长要观察宝宝的反应,并不断重复。

语义感知与理解的主要训练项目有:

(1) 指认物体。从婴儿四五个月起,成人可以教婴儿认物。成人可以通过动作配合法——边说边做动作,或是实物配合法——成人说的同时指点实物给婴儿看,或是出示相关图片,帮助婴儿逐渐建立语音和实物之间的联系,辨别实物名称。

(2) 辨别自己和家人的称呼。成人可以经常叫孩子的名字或是固定昵称,使婴儿逐渐建立语音与自己名字、昵称之间的联系,当成人喊其名字或者"宝宝"等昵称时,孩子知道在叫他。此外,让婴幼儿熟悉家人的不同称呼,比如爷爷、奶奶、姑姑、婶婶等,并逐渐将称呼与相应对象联系起来。

(3) 按口令做动作。五六个月的婴儿就可以进行简单的动作或手势模仿练习。成人可以多利用生活情境帮助婴幼儿积累各种动词,比如:来、吃、喝、走、坐、看。

(4) 语言交流。成人要在活动中和婴幼儿主动地、不断地用语言进行交流。比如成人在做家务,就可以告诉孩子"妈妈在扫地";还可以开展情境式对话,让婴幼儿在成人创设的情境下聆听成人的话语。

(二) 婴幼儿词汇理解能力发展的照护

对词义的理解是婴幼儿正确使用语言和理解语言的基础。婴幼儿获得词义的过程比获得语音的过程缓慢。婴幼儿对词义的理解水平是随着心理发展水平,特别是思维的发展水平而逐渐提高的。由于受到思维发展水平的限制,婴幼儿最初掌握的主要是日常生活中较为直观具体的词汇,婴幼儿常常从字面上理解词义,不能理解词语的象征意义、转义或反话。

婴幼儿词汇理解学习与发展的主要内容及指导有以下几个方面：

1. 名词理解

名词是实词的一种，它表示人、事、物、地点或抽象概念的统一名称。名词是婴幼儿在词汇中最早理解的词类。婴幼儿能理解的名词主要是周围生活中所熟悉的人、运输工具、家居用品、身体器官、食品等的名称。

名词理解的主要训练项目有：

（1）物品名称及特征。日常生活中各种物品的名称是婴幼儿较早掌握的词汇，因为它们是真实具体的，又可以不断重复呈现。丰富婴幼儿名词词汇的方法主要有以下两种：一是实物配合法，即让词和词所反映的实物同时出现。如在婴幼儿吃饭时，告诉他主食、蔬菜的种类。二是直观法。对于婴幼儿在日常生活中不能直接接触的事物，可以借助照片、图片、视频等媒介，帮助婴幼儿建立图像、语音和实物之间的联系，从而正确理解词义。

（2）家人称呼、名字。家人可以通过自我介绍，告诉婴幼儿自己的称呼、姓名、职业等，再让婴幼儿通过"看照片认亲人"的方法进行回忆，将各类名词与实际的人相联系。

（3）五官及身体部位名称。可以通过日常生活活动让婴幼儿学习五官及身体部位名称，如给婴幼儿洗脸、洗澡时，一边洗一边告诉婴幼儿身体部位，也可以与孩子玩"指一指"的游戏，让婴幼儿听口令指向自己的身体部位。

（4）指认图片。在婴幼儿了解各类实物名称的基础上，让其认出图片上的物体。可采用"三段教学法"教婴幼儿认图片：第一步，看图片。家长出示图片，并告诉婴幼儿图片中物品的名称（如"苹果"）。第二步，指图片。家长说出名称，让婴幼儿从几张图片中找出来。第三步，说名称。家长出示图片，让婴幼儿说出图片上是什么。

典型案例

好吃的水果（19~24个月）

【游戏目的】

通过指认游戏帮助幼儿认识常见水果。

【游戏准备】

摸箱1个（内有苹果1个、香蕉1根），实物水果（香蕉、橘子）若干，小口袋每人1个（内有仿真水果——苹果、香蕉、西瓜）。

【游戏过程】

(一) 示范互动：看看说说水果

1. 教师出示摸箱，问："里面有什么？"
2. 教师摸出苹果，问："这是什么？""苹果是什么颜色的？"（苹果，红红的）
3. 教师摸出香蕉，问："这是什么？""香蕉是什么颜色的？"（香蕉，黄黄的）

(二) 亲子互动：摸摸小口袋

1. 宝宝从小口袋里摸水果，摸出后，家长问是什么，宝宝说出水果的名称。
2. 家长说出水果的名称，宝宝找出相应的水果，并把水果放进小口袋，拉上拉链。

(三) 亲子游戏：好吃的水果

1. 教师拿出水果，让宝宝知道小手洗干净后才能吃。（家长带领宝宝洗手）
2. 引导宝宝说出水果名称，拿一个相应的水果。
3. 家长鼓励宝宝自己剥皮吃水果。

【游戏指导】

家长用提问的形式，鼓励宝宝边做游戏边回答，说出水果名称。家长尝试让宝宝自己剥皮，可以适当帮助，但不能包办。

2. 动词理解

动词是用来表示各类动作、存在、变化的词汇。婴幼儿对动词的理解在词汇理解中仅次于名词。成人可以用语音与动作配合法帮助婴幼儿在词汇与动作之间建立条件反射，最后使其能根据成人的口头指示做出相应动作。在生活中要有意识地让婴幼儿帮家长做一些事，也可以训练婴幼儿的语言理解能力和助人意识。

动词理解的主要训练项目有：

(1) 执行一个动作指令。执行动作指令是婴幼儿真正理解动词的一种表现。1岁以后，幼儿能按指示完成一个指令的动作。家长可以通过语言指示让幼儿参与一些简单的家庭劳动。如在妈妈晾衣服时，帮妈妈递一下衣服等。

(2) 执行两个连续的动作指令。随着词汇的不断丰富，幼儿能执行包含连续的两个动作的指令，如"把香蕉从冰箱里拿出来，吃掉"。

（3）执行两个不相关的动作指令。在幼儿能够理解两个连续动作的指令之后，可以训练幼儿按指示完成两个不相关的动作，如"把报纸拿过来，把牛奶放在桌子上"。这对幼儿语言记忆和思维能力提出了更高要求。

（三）婴幼儿句子理解能力发展的照护

句子是语言运用的基本单位，它由词、词组（短语）构成，能表达一个完整的意思，如告诉别人一件事，提出一个问题，表示要求或者制止等。

婴幼儿句子理解学习与发展的主要内容及指导有以下几个方面：

1. 各种句型理解

除被动句和双重否定句之外，婴幼儿能够理解大部分基础句型，如陈述句、疑问句、祈使句和感叹句。

婴幼儿各种句型理解的训练项目有：

（1）否定句理解。否定句是婴幼儿较早理解的一种句型。5个月左右的婴儿就会看成人面部表情来理解大人的要求。成人在对婴儿下达"不许""不可以"等禁止口令时，辅之以严肃的表情或是摇头、摆手的动作，能够使婴儿通过表情和动作理解否定句的含意。

（2）祈使句理解。随着对动词的掌握，婴幼儿逐渐能够听懂一些用于表达命令、请求、警告等意思的祈使句。因此，成人结合生活情境让婴幼儿帮助家长做事，比如"帮我拿一下勺子""给我递一下筷子"等，不但可以加强婴幼儿对句型的理解，还可以发展婴幼儿的助人品质和做事能力。

（3）选择句理解。选择句的理解相对比较困难。成人可以联系生活情境，在培养婴幼儿语言理解能力的同时，发展婴幼儿的自主选择能力，比如经常问孩子"你穿哪件衣服""你更喜欢哪个玩具""你想去哪里"等，让他们做出选择。

（4）简单问句理解。成人可以多向婴幼儿提问，通过看图片、讲故事、玩游戏等方式进行问答练习，也可以结合生活经历进行回忆性讲述。成人在提问时，可以多问婴幼儿一些"是什么""干什么""在哪里""怎么办"的简单问题。

2. 阅读理解

阅读理解是指婴幼儿运用已有的经验、表象去看懂图书的内容。早期阅读教育的一个重点是为婴幼儿提供自由的、有趣的、丰富的多元阅读环境，引发他们对图书和文字的接触，逐渐形成阅读兴趣和阅读动机。对图书内容的理解表现在婴幼儿了解故事情节，读懂画面，进行角色对话与心理活动的联想，及用自己的语言讲述故事等方面。

婴幼儿阅读理解的训练项目有：

（1）亲子共同阅读图书。在图书的选择上，因为婴幼儿的思维发展水平有限，所以成人应该选择贴近婴幼儿生活经验且主题符合婴幼儿心理发展水平的图书。成人可以在共同阅读的过程中进行简单的问答练习，帮助婴幼儿理解和记忆故事内容，比如问婴幼儿故事中人物之间的关系、职业、称呼等。当幼儿的语言表达能力发展到一定程度后，家长还可以让幼儿复述故事的大致内容，锻炼幼儿的语言理解、表达和记忆能力。

（2）帮助婴幼儿理解画面。成人在给婴幼儿讲故事时，要一边讲一边引导他仔细观察画面，结合画面讨论故事内容，学习建立画面与故事内容的联系。

（3）认图片。鼓励婴幼儿在听成人念故事时，按故事情节指出相应的图画，说出画面中物品的名称，从画面中发现人物的表情、动作及相关背景，并将之串联起来，说出故事情节。

（4）表演故事。鼓励婴幼儿模仿书中人物的表情、动作或对话，通过表演的方式表达自己对图书和故事的理解。

> **典型案例**
>
> ### 儿歌亲子共读（1~2岁）
>
> 家长将幼儿放在膝盖上，或者把幼儿抱在怀里，一起来阅读。家长温柔的抚摸、轻声的言语和深情的眼神，不仅能使幼儿感受到深深的爱，更能使其在这种爱的气氛中产生阅读兴趣。每次阅读5~15分钟。家长可以一边念儿歌，如"小雨点，沙沙沙，落在小河里，青蛙乐得呱呱呱；小雨点，沙沙沙，落在大树上，大树乐得冒嫩芽"，一边随着节奏踮起、放下自己的脚跟，有节奏地做肢体动作，增强阅读的趣味性。

> **开放话题**
>
> 公共图书馆如何通过绘本租借等渠道对家庭阅读提供支持？

三、婴幼儿语言表达能力发展的照护

语言是表达交流的工具，婴幼儿期是口头表达能力发展的关键期。教师或家长应如何培养婴幼儿的语言表达能力呢？下面围绕婴幼儿语言表达学习与发展的三大核心能力，分别从前言语表达、词汇表达和句子表达三个方面提出相应的教育内容及照护方法建议。

（一）婴幼儿前言语表达发展的照护

前言语表达是语言表达能力的最初阶段，是词汇表达的基础。在正式开口说话之前，婴幼儿主要通过不同的语音、动作和表情等进行表达。

1. 语音表达训练项目

（1）逗引发音（0~9个月）。婴儿的许多发音，特别是长时间的连续发音，往往都是在成人的逗弄下发生的。因此，家长应用多种语音和声音刺激婴儿，尽量跟婴儿多说话，可以帮助婴儿发展听力；观察婴儿的发音情况，当他们发音时，成人可以模仿、重复发音，与他们沟通；注意倾听并鼓励婴儿发音，当婴儿发出一些含糊不清的声音时，成人不要打断他们，而应报以微笑和爱抚，从而鼓励他们。

（2）模仿发音（6~12个月）。利用婴儿喜欢模仿的特点，鼓励婴儿表达。成人应坚持用语言刺激婴儿，多与婴儿进行近距离交流，最好面对面交流，让婴儿观察成人讲话的口舌运动，以便婴儿模仿；成人可以学常见小动物的叫声，让婴儿模仿；帮助婴儿建立称谓与人之间的关系，当孩子学会连音mama、baba后，家长说话要带上称谓，如"妈妈来了""爸爸在这儿"等。此外，成人也可以开展一些听音和发音游戏，用强化、鼓励的方法引导婴儿模仿。

（3）口唇运动。在婴幼儿模仿发音的同时，成人经常跟婴幼儿做一些发音器官运动和口型练习，如张嘴、伸舌、咂嘴、弹舌、咳嗽等嘴唇游戏，以及玩吹碎纸片、吹气球、吹羽毛、吹泡泡、学老虎叫、猫叫、鸭子叫、火车叫等，有助于婴幼儿发音能力的提高。

2. 动作表达训练项目

（1）手势语模仿。6~12个月的婴儿可以模仿手势动作，如用拱手表示"恭喜"，用拍手表示"开心"，用挥手表示"再见"。成人可利用生活情境进行动作示范，让婴儿学习各种手势语，运用动作配合法使婴儿记住语音，并建立语音与动作之间的联系。

（2）身体姿势表达。肢体语言是婴幼儿正式说话之前表达意愿和进行人际交流的主要手段。成人在教婴幼儿肢体语言时，要注意伴随相应语言（如"抱抱"），并鼓励婴幼儿进行语言模仿。

> **资料拓展**
>
> **婴幼儿练习吹泡泡有助于语言能力发展**
>
> 英国专家发现，经常吹泡泡、舔嘴唇有助于宝宝语言能力的发展，对于2岁以下的婴幼儿尤其明显，因为这个时间段是孩子一生中学习新词最快的阶段。研究资料显示，在嘴巴运动方面表现不佳的宝宝，学习语言的速度也比较慢，而能完成吹泡泡、舔嘴唇等复杂嘴部运动的宝宝，学习语言的速度更快，发音也更清晰。

（二）婴幼儿词汇表达发展的照护

词可以分为实词和虚词两大类。实词是指意义比较具体的词，包括名词、动词、形容词、数量词、代词等。虚词的意义比较抽象，一般不能单独成句，包括副词、连词、介词、助词等。婴幼儿时期最主要的是掌握实词。

成人可以用实物配合法发展婴幼儿对名词的表达，结合实物或图片，让婴幼儿说出家人的称呼及姓名、常见物名称、五官及身体各部位名称等；动词的掌握仅次于名词，在生活中成人可以边做事边告诉婴幼儿你在做什么，也可以通过玩猜动作游戏、模仿造句等活动，帮助婴幼儿积累词汇；形容词出现在名词和动词之后，可通过生活情境或阅读活动帮助婴幼儿掌握各种形容词；代词也是婴幼儿较早掌握的一类实词，成人要注意生活中多与婴幼儿进行对话交流，多用疑问代词进行问答练习，让婴幼儿有更多模仿机会；副词可通过成人的语言示范、语言游戏、早期阅读等活动来丰富；量词主要通过模仿成人的语言获得，幼儿在1.5~2岁开始学会说量词，最初用得并不准确。

（三）婴幼儿句子表达发展的照护

句子表达是语言表达的主要形式。1~1.5岁幼儿最初只能使用单词句；1.5~2岁进入多词句阶段，但其因为表现形式断断续续，结构不完整，所以也被称为电报句；2岁以后，幼儿开始用完整句进行表达。许多研究表明，2~3岁是儿童口语发展的关键期，这一时期儿童口语发展非常迅速。

句子表达的主要训练项目有：

1. 说句子

在日常生活中，家长要经常跟婴幼儿进行交流，并注意用完整的句子对婴幼儿的话进行补充；还可以通过早期阅读提供更多规范的句子给婴幼儿模仿。

2. 说儿歌

念儿歌是锻炼听力和丰富、规范婴幼儿语言表达的好方法。重复的节拍、生动的语言，再配合一些夸张的动作，非常容易吸引婴幼儿。婴幼儿最初只能说出儿歌的开头或结尾的几个字。可以利用婴幼儿语言发展中的"接尾策略"，先让婴幼儿学说儿歌中押韵的字，再学说完整的句子。成人在念儿歌时要注意发音准确、清楚，并注意语言的节奏，让婴幼儿感受到儿歌的韵律美。

3. 复述故事

复述是婴幼儿学习、重复和模仿文学作品语言，再现文学作品的一种手段，可以促进记忆、思维和连贯性语言的发展。成人在给婴幼儿讲故事时，一定要注意多次重复，并通过提问、讨论、角色扮演、猜结局等方式帮助婴幼儿理解和记忆故事内容，以便婴幼儿准确复述故事内容。

4. 叙述简单事件

这是幼儿运用完整的句子进行连贯表达的能力。对 2.5 岁左右的幼儿，可以通过提问的方法，借助实物、图片、情境表演等进行连贯表达训练。经常让幼儿说说身边的事和物，是培养幼儿语言表达能力的有效方法。

典型案例

小树叶

【游戏目的】

激发说话的兴趣，发展语言表达能力。

【游戏准备】

树叶若干片，白纸1张，胶水1瓶。

【游戏过程】

1. 教师带幼儿去室外捡一些地上的落叶，引导幼儿观察不同树叶的形状和颜色。

2. 教师说出每片树叶是什么样子的，这些树叶有什么不一样。

3. 教师让幼儿一起把树叶放在水里玩，边玩边引导幼儿观察树叶像什么，启发幼儿想象并用简单的语言描述，如：树叶像小船，树叶像小鱼。

四、婴幼儿语言发展的照护策略

婴幼儿语言的发生、发展，虽然主要取决于正常的生理机制和自然习得，但丰富的语言环境、必要的语言交流以及成人对婴幼儿语言学习的有效指导也是十分重要的。

(一) 创设良好的语言环境

日常生活是婴幼儿学习语言的基本环境,是丰富词汇和发展口语的得天独厚的条件,因此成人可以在日常生活中创设良好的语言环境,为婴幼儿提供语言模仿与学习的机会。婴幼儿学习语言是从日常生活中常见的事物开始的,如学习经常接触的物品名称和对家人的称呼,婴幼儿的生活内容越丰富,感知体验就越丰富,理解并能掌握的语言就越丰富,所以,成人应抓住日常生活中的各种机会对婴幼儿进行语言能力的培养。

1. 提供丰富的语音刺激

成人对3个月以内的婴儿给予频繁的语音刺激,可以增加婴儿的发音率。婴儿的许多发音,特别是长时间的连续发音,往往都是在成人的逗弄下发生的。因此,可以用语音和各种声音刺激婴幼儿,培养婴幼儿有意倾听声音的习惯,让婴幼儿进行模仿发音练习。比如,经常与婴幼儿交谈,让他聆听大自然的声音,为他播放《摇篮曲》等节奏舒缓、旋律优美的音乐,提供各种各样的语音刺激。此外,可以在家庭生活中创设有实际意义的文字环境,比如在家具上贴上对应的字;引导孩子注意观察生活中的字,如商标、杂志、说明书、价签等,丰富其文字经验。

2. 丰富婴幼儿的生活内容与经验

生活是语言发展的源泉,丰富的社会活动与生活内容是语言发展的良好环境。在日常生活中,可以利用外出、散步等机会,让婴幼儿感受自然界的声音,如风声、水声、树叶的沙沙声、动物的叫声等;在生活活动中,让婴幼儿识别人类活动的声音,比如翻书声、切菜声、脚步声、电话铃声等,让婴幼儿通过多种感官感知,积累丰富的感性经验。

3. 创设规范的语言环境

婴幼儿最初所掌握的语言主要是通过对周围的语言环境的模仿而获得的。婴幼儿周围的成人应该注意通过丰富的面部表情、富有变化的语调、规范正确的发音、丰富而又准确的用词造句,为婴幼儿提供良好的语言示范和语言榜样。当婴幼儿表达不准确时,成人一方面应该耐心猜测他所要表达的意思,另一方面应该给予准确的语句示范。

典型案例

骂人的孩子

一个3岁的男孩,经常坐爸爸的车外出,每逢堵车或有人超车时,爸爸总是出言不逊,甚至张嘴就骂,不是骂警察,就是骂别的司机。一天,妈妈接他放学,见他正站在幼儿园门口对一个同学口出狂言:"小子,你给我等着,明天老子就收拾你,敢惹你大爷我!"妈妈十分吃惊,小小的孩子竟会说出这样的话来。

分析:这个男孩观察了爸爸的言行,并进行了学习,因此才会对同学说出这种话,这就是班杜拉所说的观察学习。即使家长没有亲自教授,但孩子在潜移默化中已经学会了家长的语言、神态、声调等。因此,作为幼儿的启蒙者,家长要懂得言传身教的重要性。

(二)人际交往活动

研究表明,婴幼儿所掌握的词汇中,约有 2/3 是通过日常生活中与家长的交谈而获得的,家长与孩子的语言交往对孩子的语言发展具有十分重要的作用。家长可以抓住机会告诉婴幼儿周围的一切,例如:穿衣服时告诉他衣物的名称,进食时告诉他食物的名称。当孩子接触新事物、体验新情感时,家长都要教他学习,不要错过与其对话的机会。

典型案例

我当小小售货员

【游戏目的】
掌握日常社交中的语言表达。

【游戏过程】
准备日常生活用品、水果、蔬菜、学习用品和玩具等一系列超市常见的物品。请1名幼儿当小小售货员,其他幼儿和成人依次到商店来购买商品。在这个过程中,幼儿简单介绍这个商品是什么,它的功能是什么,它的特点是什么。鼓励幼儿说服购买者买下此商品。(游戏中还可以增加讨价还价环节)

【游戏指导】
游戏前,可以带幼儿到商店去仔细观察售货员是怎么工作的。游戏中,幼儿与幼儿、幼儿与成人之间互相调换位置,让幼儿体验买/卖东西的乐趣。

(三)游戏活动

游戏是婴幼儿最早、最基本的交往活动,为婴幼儿提供语言实践的良好机会和最佳途径。成人可以通过专门的语言练习游戏，如听说游戏、识字游戏、语音游戏、词汇游戏和语法游戏等，为婴幼儿提供丰富的说话练习的实践机会。

（四）文学欣赏与早期阅读活动

文学欣赏和早期阅读是促进婴幼儿语言发展的重要手段。文学欣赏与早期阅读不仅有助于婴幼儿语言从口头语言向书面语言的过渡，而且为婴幼儿扩展词汇量、丰富语言内容奠定基础。

首先，为婴幼儿选择合适的阅读内容。成人应该每日让婴幼儿听一些优美动人、主题鲜明、短小精悍的故事。婴幼儿认知发展的成熟度决定了其阅读的内容应该简单、生活化，与婴幼儿的生活经验密切相关，图画形象生动可爱，语言简单重复，利于婴幼儿掌握。

其次，为婴幼儿提供良好的阅读环境。应该为婴幼儿提供丰富的图书、设备，鼓励并养成婴幼儿欣赏故事、儿歌的兴趣。婴幼儿还不能进行自主阅读，所以应该加强亲子阅读。

最后，婴幼儿很喜欢听同一个故事，成人还可以根据婴幼儿发展的具体情况，让幼儿大致复述故事内容。在阅读中要注意阅读习惯的培养，每次阅读的时间不宜过长。

资料拓展

对婴幼儿识字和阅读的争议

美国的主流幼教机构或教育方案，坚持用符号代替文字进行教育，并认为早期识字教育对儿童来说是有伤害的。美国北卡罗来纳大学医学院小儿科教授梅尔·列文说，婴幼儿在不同的发育阶段要有不同的学习内容，过度的刺激不仅无用，反而会有阻碍作用。不同年龄段应该有一些不同学习能力方面的培训，而不能过早地灌输。

2000年，美国国家科学研究委员会（United States National Research Council）的报道指出，当代研究最惊人的发现是儿童具有某些令人难以预料的能力，简单的如字母、字音或音节等，复杂的如推理等，而且都能掌握得很好。根据这些报道及其他研究，政府官员认为故意不让儿童接触文字的方法是不合理的。他们的研究资料显示，4岁的儿童不但能学习字母与发音，而且对此很感兴趣。

在美国，失读症的发病率非常高，为5%左右。因此，政府明确表示要非常重视早期读写教育，耗资62亿美元为100万名贫困儿童服务。

美国教育专家戈姆雷指出，不是说增加了读、写、算的内容，就不让儿童去玩，不发展想象力和创造力。实际上，一些优秀的教师能很好地协调各种活动，既能让儿童学习知识，又能让他们去想象、去创造。对儿童来说，玩是很重要的。孩子首先应该是一个完整的孩子，有自己独特的发展方式。

典型案例

绘本《挠痒痒 挠痒痒》阅读活动

【活动目的】

1. 培养婴幼儿的专注力；
2. 促进婴幼儿语言能力的发展。

【活动准备】

绘本《挠痒痒 挠痒痒》。

【活动过程】

1. 教师导入：小朋友们知道怎么挠痒痒吗？你们害怕被挠痒痒吗？我们现在就来进行一个游戏：请你挠挠旁边小朋友的痒痒。（注意让孩子把控轻重）

2. 进行挠痒痒的游戏。

教师：我们玩过了挠痒痒游戏，下面我给大家介绍一位新朋友——优优，我们一起来看看优优和小动物们是怎样玩挠痒痒游戏的。

3. 教师讲绘本，语速慢，声调高昂。

4. 讲完绘本后提问：他们是如何挠痒痒的？

（五）专门的语言教育活动

语言教育活动是指早教机构或幼儿园有目的、有计划、有组织地进行的婴幼儿集体语言类活动。家长可以送婴幼儿去早教机构或幼儿园，这些学前教育机构能为婴幼儿提供和同伴沟通的机会，以及倾听、欣赏、听说等语言教育活动。

开放话题

有人认为幼儿的语言表达不需要教，只要与幼儿正常对话，他们就能通过模仿获得语言表达能力；而有人则认为幼儿的语言表达需要教，甚至好多家长会给孩子报口才班。对于这两种观点，你有什么看法呢？

第四节 婴幼儿语言发展照护实务

一、婴幼儿非语言交流照护实务

照护者可以运用语言、肢体动作、面部表情等与婴幼儿主动交流；同时，观察婴幼儿主动发起的非语言交流，及时回应婴幼儿。如：通过抚触积极与婴幼儿进行语言和目光交流。

二、婴幼儿语音和词汇发展照护实务

（一）婴幼儿语音发展照护实务

在日常照护过程中，照护者要敏感捕捉并模仿婴幼儿发音，对正在使用的物品、正在进行的动作发出音节。这是对婴幼儿发音的强化，能够使其积极快速地积累语音，为开口说话做好准备。如：对婴幼儿发出的元音，结合辅音进行发音示范"m-a-ma"；当婴幼儿喝牛奶时，照护者发出"niú nǎi"的音节。

（二）婴幼儿词汇发展照护实务

照护者要多和婴幼儿说话。当婴幼儿说出一个单字或词语时，照护者要清晰地重复这个字或词语给他听。如果婴幼儿说错了，或发音不准确，不用纠正，而是平静地重复正确的发音给他听。对于7~12个月的婴儿，可以引导其对发音产生兴趣，模仿和学习简单的发音。在幼儿13~14个月时，应培养幼儿正确发音，使其逐步将语音与实物或动作建立联系。

此外，照护者应提供正确的语音示范，保持与婴幼儿的交流与沟通，引导其倾听、理解和模仿语音。

三、婴幼儿句子发展照护实务

（一）婴幼儿疑问句发展的照护

2岁左右是疑问句产生的阶段，2岁4个月以后是疑问句的极速发展期。疑问句的主要表现形式是六个"w"：who（谁，2岁出现），how（如何、怎么，2岁2个月出现），where（什么地点，2岁3个月出现），what（什么，2岁3个

月出现），when（什么时候，2岁4个月出现），why（为什么，2岁4个月出现）。对于婴幼儿的问题，照护者可以用其能理解的语词回答，或者查阅相关的图书，和他一起去寻找答案。然而，有时候幼儿是故意用一连串的问题来问父母，尤其是当父母正忙于自己的事情而没有留意他时。幼儿这种行为的目的往往只是想引起父母的注意。如果这时候照护者真的很忙，没有很多时间倾听幼儿的话，那么应该温柔地告诉其现状，并向其保证等忙完了一定会倾听他的想法。比如可以说："宝宝，妈妈知道你有很多话要对妈妈说，但是妈妈现在要给你烧饭呀，你先自己玩一会儿好不好？等烧好晚饭后，我们一定好好聊聊，记得要提醒我哦！"在讲这些话时，照护者请一定记得回应式倾听中强调的肢体语言（转身、弯腰、注视等动作）和表情。

（二）提供和阅读适合的儿歌、故事和图画书

1. 通过去公共图书馆、有偿租借或自行购买的方式，选择材质无毒、经过定期清洗的、确认没有小零件的硬纸板书、布书或者有大图和简单文字的绘本等，以防止被婴幼儿撕坏。如：适合1~2岁幼儿的纸板书《阿福去散步》、玩具翻翻书《亲爱的动物园》，适合2~3岁幼儿的立体图画书《奇思妙想立体玩具书》等。

2. 亲子共读是婴幼儿早期阅读的主要方式，每次阅读时间控制在5~10分钟。随着幼儿长大，父母要逐渐培养幼儿自主阅读，从最开始鼓励幼儿漫无目的地随机翻动到鼓励他们选择自己喜欢的书籍主题。

（三）组织讲故事活动

围绕一个主题讲故事、续接故事、开展故事游戏、制作故事连环画等，特别是要让幼儿练习修饰词的使用。照护者给出句子，通过游戏的形式让幼儿给出修饰词，最终组成修饰句，以此来发展幼儿的语言能力。

（四）创设温暖的情感氛围

可以利用全身反应教学法（Total Physical Response，简称TPR教学法）讲解规则，培养幼儿倾听、分享的习惯。如：别人说话时，不着急打断别人，不插话；愿意与同伴、照护人员、家长分享趣事和想法。

本章小结

本章主要学习了婴幼儿语言发展的相关内容，包括语言的概述、语言发展

的规律与特点、语言发展的照护等。

语言是人类特有的机能活动,是以语音为载体、以词为基本单位、以语法为构建规则的符号系统。语言本身是一个非常复杂的结构系统,包括语音、语义、语法、语用四个方面的内容,每个内容又呈现出不同的发展规律及特点。

语言培养对婴幼儿发展具有重要意义,在对婴幼儿语言发展进行指导时要掌握一定的策略,主要从婴幼儿的语音、词汇、句子三个方面进行指导。

巩固练习

一、选择题

1. 听、说、读、写属于( )。
   A. 言语　　　　B. 语言　　　　C. 能力　　　　D. 思维

2. 婴幼儿最先掌握的句型是( )。
   A. 祈使句　　　B. 感叹句　　　C. 陈述句　　　D. 疑问句

3. ( )的婴儿是"世界公民",他们能区分世界各民族语言中不同的语音。
   A. 4~5个月　　B. 5~6个月　　C. 6~8个月　　D. 8~10个月

4. 语言系统中不包括的选项是( )。
   A. 语音　　　　B. 语调　　　　C. 语义　　　　D. 语用

5. ( )包括对话和独白两种形式。
   A. 书面语言　　B. 阅读　　　　C. 情景语言　　D. 口头语言

6. ( )是语言发展的前提。
   A. 语音　　　　B. 词汇　　　　C. 句子　　　　D. 语用

7. ( )左右的婴幼儿已能模仿发音,并能简单听懂成人的语言,开始正式进入语言学习的阶段。
   A. 0~6个月　　B. 8~10个月　　C. 1岁　　　　D. 1.5岁

8. 2~3岁这一阶段,儿童掌握词汇的数量迅速增加,词类范围不断扩大。该时期儿童掌握词汇的先后顺序是( )。
   A. 动词、名词、形容词　　　　B. 动词、形容词、名词
   C. 名词、动词、形容词　　　　D. 形容词、动词、名词

9. 幼儿难以理解反话的含意,是因为幼儿理解事物具有( )。
   A. 双关性　　　B. 表面性　　　C. 形象性　　　D. 绝对性

10. 1.5～2岁幼儿使用的句子主要是（　　）。
    A. 单词句　　　　B. 电报句　　　　C. 完整句　　　　D. 复合句
11. 下列哪种现象能表明新生儿的视听协调？（　　）
    A. 有些婴儿听到音乐会露出笑容
    B. 听到巨大的声响，婴儿会瞪大眼睛
    C. 婴儿听到妈妈叫"宝宝"，目光就会去找妈妈
    D. 婴儿看到大人逗他说话，会一跳一跳表现出快乐的样子
12. 一名3岁幼儿听到教师说"一滴水，不起眼"，结果他理解成"一滴水，肚脐眼"。这一现象主要说明幼儿（　　）。
    A. 听觉辨别力弱　　　　　　　　B. 想象力非常丰富
    C. 语言理解凭借自己的具体经验　　D. 理解语言具有随意性
13. 1岁半的幼儿想给妈妈吃饼干时，会说"妈妈，饼，吃"，并把饼干递过去。这表明该阶段幼儿语言发展的一个主要特点是（　　）。
    A. 电报句　　　　B. 完整句　　　　C. 单词句　　　　D. 简单句

二、简答题

1. 婴幼儿语言发展有哪些规律？
2. 婴幼儿词汇发展有哪些特点？
3. 婴幼儿句子发展有哪些特点？

第六章

婴幼儿社会性发展与照护

学习目标

知识目标：

1. 了解社会性及婴幼儿社会性的概念；
2. 明确社会性培养对婴幼儿发展的意义；
3. 掌握婴幼儿社会性发展的规律和特点；
4. 了解婴幼儿社会性发展的主要内容。

技能目标：

在掌握婴幼儿社会性知识的基础上，能够采用照护策略对婴幼儿做出指导，促进婴幼儿社会性发展。

素养目标：

1. 能够关爱婴幼儿，做到爱岗敬业；
2. 能够尊重婴幼儿个性发展，平等对待每一个孩子。

知识图谱

- 婴幼儿社会性发展与照护
  - 婴幼儿社会性概述
    - 社会性的概念
    - 婴幼儿社会性的概念
    - 社会性培养对婴幼儿发展的意义
  - 婴幼儿社会性发展的规律与特点
    - 婴幼儿社会性发展的规律
    - 婴幼儿社会性发展的特点
  - 婴幼儿社会性发展的照护
    - 婴幼儿社会性领域学习与发展的主要内容
    - 婴幼儿社会认知能力发展与照护
    - 婴幼儿社会情感能力发展与照护
    - 婴幼儿社会行为能力发展与照护
    - 婴幼儿社会性发展的照护策略
  - 婴幼儿社会性发展照护实务
    - 婴幼儿规范认知发展照护实务
    - 婴幼儿情绪识别发展照护实务
    - 婴幼儿同伴交往发展照护实务
    - 婴幼儿社会性适应行为发展照护实务

情景与问题

快 2 岁的绒绒最近越来越黏妈妈了，妈妈去朋友家做客的时候也会带上她。在妈妈的朋友家里，阿姨们都来逗绒绒。绒绒看着阿姨们，也会回应她们，一点儿都不害怕。但是不一会儿，妈妈去走廊接一个电话，绒绒突然大哭起来，不让任何人碰她。

问题引导：绒绒为什么大哭？请同学们试着分析原因。

第一节 婴幼儿社会性概述

一、社会性的概念

社会性是指人的一种社会心理特性，是作为社会成员的个体为适应社会生活所表现出的心理和行为特征，即人在社会交往过程中建立人际关系，理解、学习和遵守社会行为规范，控制自身社会行为的心理特性。社会性发展有时也称作社会化，也就是人们为了适应社会生活所形成的行为方式，如对传统价值观的接受、对社会伦理道德的遵从、对文化习俗的尊重以及对各种社会关系的处理。社会性不是与生俱来的，婴儿生来是一个自然人，在人类社会生活中逐渐掌握社会的道德行为规范与社会行为技能，成长为一个社会人，这个过程就是婴幼儿社会性发展的过程。

婴幼儿的社会心理发展可分为个体发展和他人关系发展两个方面。就个体而言，主要是气质、情绪情感和自我意识的发展；就社会而言，是各种人际关系的发展，主要包括亲子关系、同伴关系、师幼关系等的发展。

二、婴幼儿社会性的概念

婴幼儿社会性是指婴幼儿在自我意识、人际交往、情绪表达与控制以及社会适应等方面所表现出的外显行为。通过社会性发展，婴幼儿逐渐掌握社会规范，并且开始适应社会角色。在婴幼儿心理发展过程中，婴幼儿所接触的各方面的人对婴幼儿的影响至关重要，婴幼儿的社会性和个性是在社会性交往过程中形成的。

三、社会性培养对婴幼儿发展的意义

（一）社会性发展是个体产生良好交往的必要条件

个体的发展离不开社会，人一出生就意味着社会性发展的开始。社会性发展较好的婴幼儿，适应能力及自制力都比较强，与同伴进行交往的时候，能更快地熟悉他人，出现更多的亲社会行为。在同伴交往中，一方面，婴幼儿发出社会行为，如微笑、请求、邀请等，并根据同伴的反应做相应的调整，使自我调控能力得到发展。另一方面，同伴根据婴幼儿的行为给予反馈，如果婴幼儿发出的是分享、合作、谦让等积极行为，同伴做出肯定和喜爱的反应；而如果

婴幼儿发出攻击、抢夺、独占等消极行为，同伴则做出否定、厌恶和拒绝的反应。交往能否顺利进行，取决于交往个体在交往过程中所表现出的社会性情感和行为。

（二）社会性发展是个体适应社会的前提条件

社会性使个体能够适应周围的社会环境，正常地与别人交往，接受别人影响，也反过来影响别人，在努力实现自我完善的过程中积极地影响和改造周围环境。

经过长期的观察和研究发现，同样是智力中等或智商水平较高的人，有的人与他人的关系和谐，乐群合作，礼貌谦让，受人欢迎；有的人却与他人的关系紧张，攻击性强，孤僻易怒，受人排斥。其实，这与他们的社会性发展程度存在关联。对于婴幼儿而言，社会性是其生存和发展的必需内容。

（三）社会性发展是个体取得成功的重要条件

生活在社会环境中，人们时时刻刻接收着来源于周围人、事或自身内部的种种信息，这些信息经过大脑的整理和分析，会对人的情绪、情感产生影响。如果婴幼儿能够与他人友好相处，会感觉身心愉快，利于婴幼儿生长发育。同时，社会性的发展也会影响婴幼儿心智的发展。与他人相处愉快的婴幼儿能更多、更好地与教师和同伴交往，得到更多的信息，拓宽自己的眼界。社会性发展好的婴幼儿，往往心态积极，情绪稳定，自信心较强，能更长时间地专注于自己的"工作"，遇到小小的挫折和困难时能努力克服，而不轻易放弃。

开放话题

自教育学产生以来，教育是为自身发展做准备，还是为适应社会生活做准备的争论就未曾停休，如卢梭等教育家号召教育回归自然，而斯宾塞等教育家则认为教育应该为进入社会，成为合格公民做准备。你对这两种观点有什么看法？试着与同学讨论一下。

第二节　婴幼儿社会性发展的规律与特点

一、婴幼儿社会性发展的规律

（一）从简单到丰富

1. 从早期的单纯社会化反应到社会性情感联结的丰富化

婴幼儿通过自身发出的信号，如哭、笑、肢体动作、表情等对外界做出反应，其交往技巧主要是先天遗传的。2个月的婴儿就能区别出母亲和别人的心跳不同；3个月左右就能发出声音，并用自己的微笑激发他人的好感。另外，婴幼儿之间的交往很早就建立了，只是看起来有很强的生物保护本能。但6个月以前的婴儿的这些反应并不具有真正的社会性质，他们可能仅仅是把同伴当作物体或是活的玩具，这时的行为往往是单向的，是一种无分化的社会行为。婴儿成长到6或7个月时，就具备了从整体上去区分不同的人的能力，尤其是区分母亲和其他人，由此开始，婴幼儿产生明显的对最亲近的人的依恋行为。依恋产生于婴幼儿与其照料者（一般为母亲）之间的相互作用过程中，是一种感情上的联结和纽带。2~3岁时，幼儿出现应答性的社交行为，不断寻求与更多成人的接近与交往，社会化交往的范围不断扩大，从最初的单纯社会化反应逐渐过渡到社会性情感联结的丰富性反应。

2. 从单一的亲子互动交往到同伴交往的多样化

婴儿出生后，满足生理需要是第一位的。这种生理需要的满足，最初取决于养育者的关心程度。通常，母亲除了给婴幼儿喂乳、换洗、哄睡觉以外，还会对他呼唤、拥抱、贴脸、微笑等。婴儿在与养育者的相互作用中，逐渐意识到母亲能满足自己的各种需要和愿望，进而对其产生高度的信赖，建立最初的单一的人际交往关系和互动行为。随着婴幼儿对事物认识的加深，他们也同时需要在群体中与同伴交往。婴儿出生半年后，才真正开始出现不顺畅的相互影响。12~18个月的幼儿开始出现带有某些应答特征的交往行为。18个月后的幼儿交往的内容和方式越来越复杂，他们相互协调，乐意模仿。24个月时，他们玩追逐游戏，相互配合。此时的幼儿虽然也同样依恋母亲，但也与同伴建立起了交往。

资料拓展

同伴关系的测量

同伴关系的测量，目前使用较多的是同伴提名法和同伴评定法。

同伴提名法是指在幼儿的某一社会群体，如幼儿园的一个班中，让每个幼儿根据给定的名单或照片进行限定提名，一般是让每个幼儿说出自己最喜欢或最不喜欢的同伴，然后根据从每个幼儿处所获得的正提名的数量多少，对幼儿进行分类。这种方法虽然可以测出同伴地位重要性的差异，但可能因测量过程中幼儿由于某种原因遗忘或不能说出最（不）喜欢的同伴名字而造成研究结果的不准确；另外，对一些中间的幼儿缺乏测量。基于这种方法的局限性，多数学者提倡使用同伴评定法。

同伴评定法要求每个幼儿根据具体化的量表对群体内的其他所有同伴进行

评定,如"你喜欢不喜欢与某某玩",并给出喜欢、不喜欢的评定等级,如很喜欢、喜欢、一般、不喜欢、很不喜欢等级别。这种方法比较可靠有效,获得的结果与实际同伴交往情况以及实际观察数据具有较高的正相关。但评价身边的同伴往往会引起不舒服,会涉及一些个人隐私等道德伦理问题,需引起特别注意。

典型案例

传皮球

【游戏目的】
1. 学习与人配合传球、接球;
2. 学习与人合作,情绪愉快地进行游戏。

【游戏准备】
室外环境,皮球1个。

【游戏过程】
1. 教师之间相互传皮球,引发幼儿玩皮球的兴趣。
2. 教师同幼儿围坐在一起,按顺序传球,鼓励幼儿双手抱球,学习接球和抛球。
3. 加快传球的速度,反复游戏。当幼儿传球不准确时,可调整游戏速度。教师要根据幼儿的能力来决定传球的速度。

(二)从外部到内部

婴幼儿对他人的理解、对规则的认知表现出从外部到内部的发展趋势,由表及里是其社会认知发展的一个重要趋势。

婴幼儿对他人的理解,主要是通过对他人的情感和行为的观察进行的。在情感的理解中,婴幼儿首先是识别表情,随后才是推测情感;在对规则的理解方面,婴幼儿基本处于"无规则概念"阶段,此时的婴幼儿虽然也知道规则,但并不知道为什么要遵守规则;在社会认知方面,不管是对人还是对物,婴幼儿主要是依据外观性和直觉性来进行的。

(三)从被动规范化到主动失范化

婴幼儿的社会行为与个体的自我控制有密切的关系。婴幼儿最早出现的自我控制表现为用抿嘴和皱眉来控制自己的悲伤和愤怒,但此时婴幼儿通过自我控制来调节自身行为的能力是极其有限的,主要需要成人通过外在的语言和行为来控制其行为。2岁之前，婴幼儿表现出明显的遵从行为，遵从来自成人的外在要求，是一种被动的规范化。但是2~3岁的幼儿，随着自我意识的发展、行动能力的增强，开始表现出极其不合作和抗拒行为。埃里克森将这个阶段幼儿的心理社会冲突界定为自主性的羞怯和怀疑，认为他们不听从来自外界的要求，甚至故意违背外界的要求与规范，只专注于自己的行为，是想通过按自己的方式做事来体现自己的独立性。

资料拓展

观点采择能力

观点采择能力是指婴幼儿用他人的观点来理解他人的思想和情感，即个体能够区分自己和他人的观点，理解社会角色的能力。这种能力可以是空间的、社会的和情感方面的，能够使婴幼儿根据当前或者先前的有关信息对他人的观点（或视角）做出准确判断，进而充分地理解他人的需要或所处的立场，就可能表现出来社会行为。对婴幼儿进行这种能力的训练，能够有效地促进他们亲社会行为的发生。当然，观点采择也并不必然导致婴幼儿助人行为的发生，因为它只是一种信息收集的过程，只能为婴幼儿提供理解情境以及他人的需要和情感的前提，亲社会行为的发生还会受到社会规范和社会期望的调节与引导。

二、婴幼儿社会性发展的特点

（一）依恋建立的高峰期

依恋是指婴幼儿寻求并企图保持与养育者的身体接触和情感联系的倾向性。英国发展心理学家鲍比（Bowlby）根据婴幼儿行为的组织性、变通性和目的性发展情况，将依恋的发展分为四个阶段。

1. 前依恋期（出生~3个月）

此阶段也叫无差别的依恋阶段。这期间，婴儿对人的反应几乎是一样的，他喜欢所有人，喜欢注视所有人的脸。在舒适状态下，对所有人微笑，手舞足蹈，对所有人发出的声音展示相同的反应，对安慰他的人不存在选择，也没有形成对母亲的偏爱。而此时，所有人对婴儿产生的影响也是一致的。任何人的拥抱和抚触都能给婴儿愉悦的感受。

2. 依恋关系建立期（3~7个月）

这期间，婴儿对母亲和他所熟悉的人的反应与对陌生人的反应有了区别，婴儿在熟悉的人面前表现出更多的微笑、啼哭和咿咿呀呀，对熟悉的人尤其是母亲逐渐显示出偏爱。婴儿对陌生人的反应明显减少，但依然有反应。此时的婴儿一般仍然能接受陌生人的照顾，也能忍受与父母的暂时分离。

3. 依恋关系确立期（7~24个月）

这一时期，婴幼儿对特定个体的依恋真正确立，对母亲或其他看护人的偏爱显得尤为强烈，出现了分离焦虑和对人持久的依恋情感。当母亲或其他看护人在身边时，婴幼儿能以他们为"安全中心"，从这个中心出发去主动探索周围世界。当有安全需要时，他们会立即返回"安全中心"。此外，对陌生人产生谨慎与恐惧的情感，但能进行有目的的人际交往。研究表明，几乎所有的婴幼儿在1岁左右都能与抚养者形成某种依恋关系。

> **资料拓展**
>
> 分离焦虑是指婴幼儿因与亲人分离而引起的焦虑、不安或不愉快的情绪反应，又称离别焦虑。它主要指婴幼儿与母亲产生亲密的情感连接后又要与之分离时产生的伤心痛苦的情绪。分离焦虑产生的原因包括婴幼儿自身因素以及外部因素。
>
> 缓解婴幼儿分离焦虑的措施包括：家长配合托育机构调整作息；给婴幼儿看关于托育园的绘本；带婴幼儿熟悉托育机构的环境；托育机构配合家庭传递科学的育儿知识，同时设计丰富多彩的游戏活动，吸引婴幼儿兴趣，建立良好的师幼关系。

4. 目的协调的伙伴关系期（2岁以上）

这时幼儿开始考虑母亲的愿望、需要和情感，也能调控自己的行为，认识到父母的离开是暂时的，并不是抛弃他，知道父母将会返回自己身边，并与父母建立起双边的人际关系。

（二）婴幼儿社会性发展的可塑性很强

婴幼儿社会性发展中的可塑性，一方面表现在由于年龄小，处于快速成长的时期，其社会认知和社会情感、社会行为的发展处于飞速变化的时期；另一方面，这种可塑性还表现在婴幼儿社会认知发展相对较快，社会情感发展较慢，而社会行为极不成熟和稳定，这就说明社会性发展的内部结构很不稳定，导致婴幼儿的社会性发展具有可塑性。

（三）婴幼儿社会性发展的不同方面存在不平衡性

社会认知、社会情感、社会行为作为社会性发展的不同方面，在发展的速度、方式上存在不平衡性。尤其是社会认知与社会行为之间存在严重的不平衡性。在婴幼儿期"客体永久性"理解的基础上，随着社会活动范围的扩大，婴幼儿的社会认知不断得到发展，逐渐掌握社会交往的规则等。但与此同时，婴幼儿的社会行为极不成熟与稳定，存在较多"明知故犯"的情形。

典型案例

如何应对婴幼儿的哭闹

有个小女孩儿，2岁多，平时脾气就不小。有一次妈妈值夜班，晚上12点左右孩子醒了，要找妈妈，手乱打，脚乱踢，把玩具全都扔了，一直闹了2个多小时才睡。白天也是，一不乐意就让人出去，或在地上大哭大闹，没完没了，任何人都不能靠近她。年轻的爸爸没有经验，气不过就打了她一顿，但她变本加厉，闹得比以前更凶了。

分析：这个小女孩儿的问题可能出在以下几方面：一是天生比较容易激动，一旦身体不适，或别人说话、做事影响了她，或心里有什么不愉快等，脾气就会发作。二是对母亲的依恋。妈妈和她相处的时间比较长，了解她多一些，而爸爸对她的性情不太了解，不能及时满足她的需求。三是环境改变打破了她的生活常规。一些习惯一旦从小养成，出现突然的变化，就会让孩子难以适应。如果要改变，也要慢慢使孩子适应。

针对以上原因，可以采取一些措施。首先，掌握孩子的身体状况和心理特征，才能有的放矢。盲目管教不仅吃力不讨好，还会造成伤害。其次，教育要讲究方法。在孩子要东西的时候，根据其要求的合理与否，择情而定，适当予以满足。再次，提供适合的环境，让孩子开心。同时，多带孩子到户外，与别的小朋友或大自然接触，增强其对环境的适应能力。

开放话题

不少家长在送幼儿入园时都会感到头疼，特别是刚刚入园的小班小朋友，往往会痛哭流涕，拉着家长的手，苦苦哀求他们别走。对于这种情况，家长各有各的"方法"：有的家长把孩子直接交给老师一走了之，有的家长许诺自己一会儿就回来，有的家长给孩子一顿训斥，还有的家长恋恋不舍，一直站在教室门口观望孩子……如果你是家长，你会怎么做？

第三节　婴幼儿社会性发展的照护

一、婴幼儿社会性领域学习与发展的主要内容

社会性发展主要由社会认知发展、社会情感发展和社会行为发展三部分组成。依据以上三部分的内容，分别选取自我认知、规范认知、亲子依恋、情绪识别、交往行为、适应行为六个方面作为婴幼儿社会性学习与发展的主要内容。

自我认知也叫自我意识，是指婴幼儿对自己存在的察觉，包括对自己的行为和心理状态的认知。

规范认知是指婴幼儿对为什么环境中必须存在规范，规范有什么内容，规范有哪些作用以及应该怎样执行规范等方面的认识与理解，并在此基础上逐渐形成遵守规则的愿望和习惯。

亲子依恋主要是指婴幼儿与抚养者之间建立的一种充满深情的积极情感联结，由于婴幼儿的抚养者多为其父母，故称亲子依恋。亲子依恋是婴幼儿早期生活中建立的第一个亲密的人际关系，是其社会性发展的开端和重要组成部分。

情绪识别是指婴幼儿能识别面部表情，能认识自己的情绪，表达与控制自己的情绪，与别人讨论情绪，等等。

交往行为主要指婴幼儿的同伴交往行为。

适应行为在社会心理学中叫社会适应行为或社会适应能力，一般统称为适应行为。社会适应能力是指人适应赖以生存的外界环境的能力，即个体对周围自然环境和生活需要的应付和适应能力。婴幼儿的社会适应能力是婴幼儿各个月龄阶段相应的心理发展的综合表现。对于婴幼儿而言，其社会适应能力包括的内容主要为生活自理能力。

> **资料拓展**
>
> ### 红点子
>
> 美国心理学家、发展生物学家阿姆斯特丹（Amsterdam）在研究方法上巧妙地借用了盖洛普（Gallup）研究黑猩猩自我再认的"红点子"方法，通过在婴幼儿毫无觉察的状态下在其鼻尖上涂上一个红点来揭示婴幼儿自我认知的发生发展过程，从而使对婴幼儿自我意识的研究取得了突破性的进展。阿姆

斯特丹认为，如果婴幼儿表现出意识到自己鼻尖上红点的自我指向行为，那就表明婴幼儿具有了自我认知的能力。因为如果婴幼儿特别注意自己鼻尖上的红点或能够找到自己鼻尖上的红点，就说明婴幼儿已经对自己的面部特征有了清楚的认识，同时也说明婴幼儿已经有了把自己当作客体来认识的能力。阿姆斯特丹研究了88名3～24个月的婴幼儿，并对其中2名12个月的幼儿进行了为期1年的追踪研究。研究发现，13～24个月的幼儿开始对镜像表现出一种小心翼翼的行为，20～24个月的幼儿显示出比较稳定的对自我特征的认识，他们对着镜子能摸自己的鼻子和观看自己的身体。阿姆斯特丹认为，这是幼儿出现了有意识的自我认知的标志。

二、婴幼儿社会认知能力发展与照护

婴幼儿社会认知的发展与社会行为、社会情感的发展有着非常密切的关系。社会认知主要是指对他人表情的认知、对他人性格的认知、对人与人关系的认知、对人的行为原因的认知。社会认知是个体对他人的心理状态、行为动机、意向等做出推测与判断的过程。而婴幼儿的社会认知受到自我意识发展水平和社会生活经历的直接制约，所以其社会认知发展中最为重要的就是自我认知和规范认知。

婴幼儿社会认知的学习与发展照护建议有如下几个方面：

（一）游戏训练法

1. 照镜子

成人可让婴幼儿通过镜子等反映物反观自己的形象（见图6-1）。在初期，可以让婴幼儿在镜前自由玩耍、探索。婴幼儿会对镜子中的人产生极大的兴趣，甚至会爬至镜后去与之交流。在父母的告知与自己的探索下，婴幼儿逐渐发现镜子里的人就是自己。成人可以让孩子边做动作边观察镜子里的人，比如抬抬手、伸伸腿，让婴幼儿比照自己和镜子中的自己，从而发展自我意识。

图6-1 婴儿照镜子

2. 找照片

可以同时向婴幼儿展示他的、妈妈的或别人的不同照片，让他观察、辨认，指出哪些是他自己的照片。有条件的还可以向婴幼儿展示其不同年龄的照片，使婴幼儿初步形成一种发展变化的形象观。

> **典型案例**
>
> **找照片（2~3岁）**
>
> 【游戏目的】
>
> 发展幼儿自我意识。
>
> 【游戏过程】
>
> 早教人员向幼儿同时展示幼儿自己的、其母亲的（或亲密照顾者的）、熟人的、陌生人的照片，让孩子指出哪个是他自己。如幼儿年龄在3岁左右，可以给出幼儿更小时候的各年龄段照片，引导孩子进一步认识自己的成长变化，对自我形象认知更深刻。
>
> 【游戏指导】
>
> 指认照片时，同一时间提供给幼儿的照片要适量。较小的幼儿，每次提供1~2张，即单独指认目标或在2张照片中选择指认目标。待幼儿对自己和他人分辨较清楚后，再一次性提供3张、4张照片来进行游戏。自我意识更成熟的幼儿，可以让其在多张照片中指出2个或2个以上目标。

3. 认五官

成人教给婴幼儿面部各器官的名称，把名称和具体器官的位置联系起来。如指着孩子的鼻子说"这是你的鼻子"，指着孩子的耳朵说"这是你的耳朵"等。等到孩子基本掌握以后，可以给孩子指令，如"点点你的鼻子""摸摸你的耳朵"，让他在自己身上找到对应的器官。随着婴幼儿年龄的增长，成人可以扩大范围，引导孩子认识整个身体的构造。

4. 捉迷藏

此游戏可以帮助婴幼儿发展"客体永久性"。成人可以用书、帘子等遮挡物遮住一些物品或是自己，边藏边问"猜猜东西放在哪儿啊""妈妈去哪里了"，让孩子来找一找。伴随着婴幼儿的成长，家长可以真正离开婴幼儿的视线藏起来，并逐渐增加寻找躲藏地点的难度。

（二）生活体验法

在社会生活中，每一个人来到世界上都不是孤立的，都要跟别人打交道。为了保证人们井然有序地生活、学习、工作，形成了许多社会行为规范或约定俗成的规则，而婴幼儿时期正是培养行为规范的重要阶段。

婴幼儿养成守规矩的好习惯是遵纪守法的基础，也是步入社会后建立良好人际关系的开端。婴幼儿对社会规则的认知不是枯燥、单调的说教式认知，而是伴随着生活体验的认知。生活中处处隐藏着各种类型的规则，如乘车规则、交通规则、各类礼仪规则等。成人可以通过不经意的方式告知婴幼儿规则，并在生活中反复实施，加以练习，以达到巩固和深化的效果。

日常生活中应尽早坚定实施规则。7~20个月这段时间是建立有效的规则约束非常重要的时期，并且是很多父母感到很难执行规则的时期。如果在这一时期不能采用有效的方式让婴幼儿明白规则，在以后，问题会变得更难解决。因此，成人要坚定如一地实施规则，在实施规则的过程中，语言禁令一定要配合特殊的语调和严厉的表情，让婴幼儿准确感知来自外在的约束。

三、婴幼儿社会情感能力发展与照护

情绪主要指感情过程，是个体需要与情境相互作用的过程，也就是脑的神经机制活动的过程，如高兴、愤怒、悲伤等。情绪具有较大的情境性、机动性和暂时性，往往随着情境的改变和需要的满足而减弱或消失。而情感则经常用来描述那些具有稳定性、深刻性、持久性的社会意义的感情。婴幼儿具有社会意义的情感发展主要包括亲子依恋和情绪识别两个方面。情绪和情感是有区别的，但又相互依存，不可分离。稳定的情感是在情绪的基础之上形成的，又通过情绪来表达；情绪也离不开情感，情绪的变化反映了情感的深度，在情绪中蕴含着情感。

（一）给予婴幼儿高质量的照护

依照埃里克森的心理发展阶段理论，从出生到18个月左右是获得基本信任感、克服基本不信任感的阶段。所谓基本信任，就是婴幼儿的需要与外界对他需要的满足保持一致。这一阶段，婴幼儿对母亲或其他看护人表示信任，婴幼儿感到所处的环境是个安全的地方，周围的人是可以信任的，由此就会扩展为对一般人的信任。抚养的质量对依恋的形成有重要影响，婴幼儿与抚养者之间互动的方式决定着依恋形成的性质，若抚养者采取关心的、温馨的、适时的抚养，有助于婴幼儿形成安全型依恋，更加信任抚养者。婴幼儿如果得不到周围人们的关心与照顾，就会对外界特别是对周围的人产生害怕与怀疑的心理，以致影响到下一阶段的顺利发展。因此，此时一定要为婴幼儿提供良好的、高质量的生活护理，满足婴幼儿的各种需要。

> **开放话题**
>
> 父亲角色在婴幼儿成长过程中具有重要作用。有研究证明，当父母都在屋时，有25%的婴儿更倾向于寻找父亲。我们如何在高质量的照护中提高父亲参与的积极性？

（二）在情感反应上给予积极、丰富的回应

美国心理学家安斯沃斯依据"陌生情境"实验研究，划分出了依恋的三种类型：①安全型，这类婴幼儿明显地或安全地依恋其母亲，当母亲在身边时，他们感到满足和安全，能在陌生的环境中进行探索和操作。②回避型，这类婴幼儿并未形成对人的依恋，所以也称为无依恋的婴幼儿。回避型依恋的婴幼儿极少对母亲不在身边表示不安；当母亲回到身边时，他们也避免与母亲的相互作用，不理睬母亲对他们的交往的表示。③矛盾型，又被称作焦虑型，这类婴幼儿不管他们的母亲在不在身边，经常表现出强烈的不安和哭闹，他们对这种亲子间的联系表现出矛盾，时而追寻靠近母亲，时而发怒，推开和拒绝母亲。由此可见，安全型的依恋关系能够给婴幼儿一种依恋的安全感，使其大胆探索，促进其发展。因此，成人应在情感反应上给予积极、丰富的回应，帮助婴幼儿形成良好依恋的安全感。

1. 稳定的照料者

成人应该给婴幼儿提供较为稳定的照料者，一般来说这个照料者为家长。照料者应加强与孩子之间的情感交流，让孩子能在一个较为熟悉和安全的氛围中成长，给予孩子安全感。

2. 积极回应婴幼儿的需求

要让婴幼儿建立起安全的依恋，养育者最关键的是要有敏感性。父母要对孩子发出的信号做出及时、恰当的反应。当婴幼儿处于不适状态时，父母或其他养育者要能及时为婴幼儿解决问题；面对婴幼儿时，应经常面露微笑或逗他玩；当婴幼儿发出咿呀之声时，能做出积极反应。这些行为将使婴幼儿感觉到母亲等养育者能减轻自己的痛苦，与自己共享快乐，由此，婴幼儿会对这样的依恋对象产生信任感。

> **典型案例**
>
> 哭闹的航航
>
> "我要妈妈！""我要回家！"这是航航在托班说得最多的话。刚来托班，航航就比别的小朋友爱哭。别的小朋友来托班的第三天就能在家长离开一会儿

后停止哭闹，自己玩玩具了，还能和老师一起做游戏。可航航在早上来班时不停地哭闹，不让妈妈离开。老师上课的时候，他吵着要老师打电话："老师，给我妈妈打电话好不好？老师，打电话。"他总是这样反反复复地强调着。

分析：航航的行为是典型的过度依恋行为。哭闹是幼儿分离焦虑出现的第一信号。孩子进入一个陌生的环境，没有依恋对象的陪伴，会感到紧张、压抑。对于孩子来说，最直接的表达情感及诉求的方式就是哭闹，同时，这也是宣泄不满的方式。

资料拓展

美国心理学家安斯沃斯设计了一种称为"陌生情境"的实验过程（见图6-2），以观察人类母亲和婴幼儿间的依恋关系。在这个过程中，婴幼儿进行20分钟的游戏，照看者及陌生人进出房间，从而再现出大多数婴幼儿在生活中会遇到的熟人、陌生人情境变换。不同情境，婴幼儿的心理压力会发生变化。对婴幼儿的反应加以观察。

图 6-2 "陌生情境"实验

在实验中，婴幼儿体验到如下情境：①与母亲一起留在游戏室中。②陌生人进来，加入他们之中。③母亲离开，留下孩子与陌生人在房间中。④母亲回来，陌生人离开。⑤母亲离开，留下孩子单独待在房间。⑥陌生人返回，与孩子一起留在房间。⑦母亲返回，与孩子重聚。研究者观察婴幼儿行为的两个方面：一是婴幼儿从事的探索行为（即玩新玩具）的总量，二是婴幼儿对母亲行为的反应。

实验中发现，不同婴幼儿面对陌生情境的反应有明显的差异。安斯沃斯根据婴幼儿在实验中和依恋对象关系密切程度、交往质量，将其依恋模式分为安全型依恋、回避型依恋和矛盾型依恋。

(三) 日常生活情境游戏化

在生活中制造乐趣。自由游戏（即一种没有目的的、直接的、面对面的交流）对建立良好的亲子关系至关重要。除了给婴幼儿换洗、穿衣、喂东西外，还可以随时进行一些纯粹为了娱乐的活动，比如哼小曲、搔痒痒、躲猫猫，以及其他各种可以轻而易举地制造乐趣的活动。

1. 展现与识别喜怒哀乐

从杂志上剪下一些表情丰富的照片，如灿烂的微笑、生气的脸庞、号啕大哭的婴幼儿。尽量找一些大头照，照片情感表现的程度要不同。一起看照片，问婴幼儿照片上每个人有着什么样的感受，向婴幼儿解释每一种情感。成人还可以亲自给婴幼儿展现丰富的表情，面对他们的时候可以做出各种表情，如开心、生气、悲伤等，动作不妨夸张一点儿，边做边给孩子当讲解员。丰富的表情有利于婴幼儿的情绪发展，能看懂他人的表情，才能走出理解他人的第一步。

2. 模仿表情

找一些杂志或者图书，引导婴幼儿观察里面人物的表情，在婴幼儿能够指出高兴的脸、难过的脸或者其他表情的脸的基础上发出模仿指令，和婴幼儿一起模仿不同的表情。指令可以由成人来发出，也可以由婴幼儿来发出。指令可以由"高兴""难过"入手，再过渡到别的情绪，并逐渐扩展，让婴幼儿逐渐学会用表情来表达各种情绪。

3. 照镜子看表情

成人可以将婴幼儿放到穿衣镜前，让他们观察自己的表情。婴幼儿会对镜子中的人非常好奇，并试图做出各种表情，然后好奇地看一下镜子里的人有什么反应，家长此时可以用语言引导。

典型案例

表情操（1~2岁）

【游戏目的】

锻炼幼儿情绪感知能力。

【游戏过程】

早教人员选择幼儿情绪平静、精力比较充沛的时候，用下面的歌谣操，带领幼儿活动：

（1）"今天我呀真高兴，我要开心笑笑笑，我们一起来个微笑，我们一起来个大笑，我们一起来个拍手笑，哈哈哈，真高兴！"

(2)"我要开心我大笑,生气我会嘟嘴巴,伤心时候泪水流,找不到妈妈真害怕。"

(3)"伸出小手真灵巧,指指我的小嘴巴,嘴巴向上翘呀翘,眉毛弯弯像镰刀。你说我是啥表情?我在开心笑笑笑。"

(4)"这是谁的好玩具(开心的表情)?我怎么从来没见过(疑惑的表情)?它的主人会是谁(想的表情)?啊(惊讶的表情,猛吸一口气,控制一下再慢慢呼出),原来是他(开心的表情)!"

(5)"心情不好我好烦,眉头紧皱小嘴噘,看我表情美不美?心情不好你看见了吗?"

【游戏指导】

本游戏适合1岁以上开始学习和练习发音说话的幼儿。注意每次选择2~3种表情轮番做操训练。如果表情变换得太快太多,幼儿接受比较慢,容易造成对表情认识的混淆。不同表情练习从易到难,从日常最容易出现的开心、哭泣、恐惧逐步过渡到复杂的惊讶、伤心。

四、婴幼儿社会行为能力发展与照护

社会行为是指人们在交往等社会活动中对周围环境中的人或事做出的态度、言语和行为反应。从动机和目的上看,可以分为亲社会行为和攻击行为。对婴幼儿而言,就婴幼儿接触的人和物来看,可以分为交往行为和适应行为。

(一)在生活中开展随机教育,注重婴幼儿的同伴交往

随着婴幼儿活动、认知能力的增长,同伴交往在其生活中所占的地位也越来越高。良好的同伴关系具有保护和发展的功能,对婴幼儿的个性发展和社会化过程起着重要的作用。早期同伴交往和婴幼儿与父母及他人的交往一样,是婴幼儿整个社交网络的重要组成部分,它们既相互独立,又相互作用,分别以其独有的方式对婴幼儿的发展起着不同的作用。

1. 转变照护观念,重视榜样作用

父母是婴幼儿的第一任老师,婴幼儿最初通过与父母的交往学习初步的社交技能。父母应改变对婴幼儿过分保护、溺爱的态度,多给他们提供与同龄人交往的机会,让他们走出家门,多与周围人接触,在与他人的交往中体验到快乐,学会分享与合作,并及时对婴幼儿在交往中遇到的问题给予指导和帮助,让他们逐渐在实践中学会协调自己与他人的关系。同时,父母还应给婴幼儿做

榜样，父母之间、父母与孩子之间要建立和谐的关系，父母粗暴、冷漠的态度会使婴幼儿产生许多心理问题及行为障碍。另外，由于婴幼儿往往以同伴作为参照标准或榜样，从而进行自我评价、自我约束，而婴幼儿的榜样往往来自教师的评价，他们对教师肯定的同伴行为很快就会去模仿，以寻求教师的表扬，所以教师要注重表扬婴幼儿的良好行为，这有利于促进婴幼儿社交技能的提高和良好同伴关系的发展。

2. 创设交往环境，增加交往机会

成人应通过环境的创设和利用，有效促进婴幼儿同伴关系的发展。①成人要注意自身群体人际关系的协调，成人之间和谐的人际关系对婴幼儿的同伴交往会产生潜移默化的影响。②成人要为婴幼儿营造一种温暖、关爱、尊重和信任的照护环境，创设婴幼儿需要和能帮助别人的情景，使婴幼儿感受到群体生活的优势，获得积极的情绪体验，培养其乐于助人的精神，提高婴幼儿的交往动机和交往兴趣。③要为婴幼儿创设与他人合作的机会。研究表明，在游戏尤其是角色游戏中，婴幼儿易产生合作行为，婴幼儿在角色游戏中能意识到自己必须承担一定角色的相应责任，这也保证了婴幼儿参与的热情，成人应通过游戏活动以及小组活动、合作活动来强化婴幼儿的交往意识。④在一日活动中，成人要提供一定数量的、有利于婴幼儿开展社会性交往的玩具。婴幼儿早期的同伴交往大多是围绕玩具而发生的，婴幼儿可以通过玩具表达对同伴的邀请，在使用玩具的过程中逐渐学会等待和与他人分享、合作等。

3. 注意现场观察，开展及时指导

在一日活动中，成人应时刻注意观察婴幼儿的交往活动，对于婴幼儿在交往中出现的困难和矛盾要及时进行干预，以帮助婴幼儿在交往过程中感受到交往的愉悦，并从中学会关心、分享、合作以及公平竞争。对于被忽视的婴幼儿，成人要主动关心或给予特别注意，发掘其才能，鼓励他们勇敢表达自己的观点，引导性格活泼的婴幼儿带领他们一起活动，提高他们的自信心，让他们重新认识自己，同时也改变同伴对他们的看法。对于被拒绝的婴幼儿，成人可以通过与他们的个别谈话，告诉他们受排斥的原因，提醒其自我约束，并给他们提供与同伴相处的一些技巧和策略。成人还可以给他们提供为他人服务的机会，并当众夸赞其良好行为，以使他们获得同伴的认同与接纳。总之，对于拥有不良同伴关系的婴幼儿，成人应鼓励他们并提供大量尝试和练习的机会，让他们体验关心和帮助他人的快乐。当然，指导的最终目的是要培养婴幼儿主动、积极的交往态度，帮助婴幼儿掌握谦让、分享、合作、轮流等基本的交往方式和社会技能，提高社会适应能力。

> **典型案例**
>
> **玩具引发的冲突**
>
> 场景一：贝贝（12.5个月）会看着宝宝（12个月）开心地玩各种玩具，但只是看着。妈妈问他要不要也去玩，他的回答都是否定的。
>
> 场景二：宝宝看见贝贝在玩一个玩具，会从"很远"的地方跑过去，伸手拿走贝贝正在玩的玩具。贝贝挣扎一下后，玩具就被宝宝抢过去了。贝贝注视宝宝一会儿后，就会重新选择玩具和活动。宝宝玩不了一会儿，就会将玩具丢下，又去做别的事情了。每次宝宝妈妈和贝贝妈妈都会生气。宝宝妈妈会因为宝宝总是抢贝贝的玩具而对他进行教育；而贝贝妈妈生气则是因为觉得贝贝受了委屈，她会安抚贝贝："弟弟抢我们玩具了，下次你也去抢他的！"
>
> **分析与建议**：12~18个月的幼儿喜欢接近同伴，同伴之间容易互相吸引，但也常常由于探索而发生摩擦。宝宝表现出了明显的同伴交往需求，但是方法出现了问题。而贝贝此时的同伴交往需求不强烈，但是对同伴表现出了接纳的态度：他并没有因为玩具被抢而哭闹和生气。
>
> 两位妈妈应了解该年龄段幼儿的同伴交往需求，坚持正面教育，不要人为强化两个幼儿有关"抢"的概念和意识。家长要有针对性地分析自己孩子的性格特征，进行示范，并传授正确的交往技能。

4. 引导婴幼儿体察他人的情感变化

在同伴交往中，对他人情绪的正确感受和积极反应是交往的基础。教婴幼儿敏感地判断他人的情感变化，是父母应当重视的事情。在日常生活中，父母可以通过游戏的方式，教婴幼儿观察人的各种情绪变化是如何通过脸部表情以及肢体动作来表现的；还应注意引导婴幼儿学会思考自己的行为对他人会造成什么样的影响，如可以多问问他："如果你是××，这时你会怎么想？是高兴还是生气呢？"

（二）在托幼机构中开展情境照护，引导婴幼儿良好社会行为的发展

1. 引导婴幼儿学会生活自理

一般来说，婴幼儿无论是学吃饭，还是学穿衣，刚开始的时候都十分困难，因此效率极低。但是学习独立生活必须有一个过程，成人千万不能因为怕麻烦或溺爱孩子，就什么都替孩子包办，这事实上是"剥夺"了孩子自我锻炼、自理能力提升的机会。应该允许婴幼儿尝试，以足够的耐心引导婴幼儿学会生活自理，这是培养和提升婴幼儿生活自理能力的关键要素。

2. 通过游戏活动调动积极性

成人可以通过一些游戏来调动婴幼儿自己动手的积极性并发展其自理能力。比如，婴幼儿不会使用勺子，就多让他练习拿小铲子将沙土装入桶中，这一动作熟练后，学习使用勺子就方便了。再如，玩替洋娃娃穿衣服的游戏能提升婴幼儿自己穿、脱衣服的能力。

3. 帮助婴幼儿养成良好的生活习惯

①采取合理的生活制度。认真执行生活制度，使生活习惯与身体生理需要相适合。②养成良好的饮食习惯。按照时间点进食三餐，帮助婴幼儿养成按时进餐的习惯；平衡膳食，荤素搭配，帮助婴幼儿养成不挑食的习惯。③训练婴幼儿良好的睡眠习惯。培养婴幼儿主动入睡的习惯，成人不要抱着、拍着或唱催眠曲使婴幼儿入睡。托幼机构要给婴幼儿创造良好的睡眠条件，如室内要安静，温度要适宜，睡前要大小便。睡眠时，要注意婴幼儿姿势是否正确，养成独立、安静的睡眠习惯。④要养成良好的清洁卫生习惯。父母对婴幼儿的清洁护理要到位，并逐渐帮助婴幼儿养成勤洗手等卫生习惯。托幼机构要在恰当的情境中和真实的生活体验中培养婴幼儿讲卫生的习惯。

典型案例

牙牙乐

【游戏目的】

1. 让幼儿初步了解刷牙的正确方法；
2. 让幼儿了解爱护牙齿的基本常识，少吃甜食，早晚刷牙。

【游戏准备】

每个幼儿1个茶杯、1支牙刷、1张龋齿图片。

【游戏过程】

1. 设置问题，引出主题："宝宝们，你们知道怎样可以帮助我们保护牙齿，没有蛀牙吗？该怎么办呢？有什么办法可以帮助我们让牙齿变干净？"

2. 幼儿都很感兴趣，而且较有积极性。有的幼儿还迫不及待地问道："那怎么办呀？"问题设置吊足了幼儿的胃口，激发幼儿的学习、探索欲望。

3. 教师示范漱口、刷牙的步骤：取半杯水，含一口，吐出口中的水，用牙刷在牙齿上一上一下地刷牙，左边、右边都要刷，然后含水漱口，把牙膏的泡沫吐出来，再接连含几口水，都不能吞到肚子里，水含在口中，闭住嘴，鼓动腮帮，咕噜咕噜漱洗，要吐出来。

4. 让幼儿按步骤操作，尝试漱口。考虑到幼儿是初次尝试漱口，容易将水咽入口中，故让他们都用饮用水进行漱口、刷牙。在教师交代了漱口时的注意要点（含大半口水，嘴巴闭拢，鼓动腮帮，听见咕噜咕噜的声音，最后将水全部吐出）后，幼儿都跃跃欲试，拿起水杯，接半杯水，含上一口，在嘴里漱漱，然后用小牙刷刷牙，还真像那么回事呢！

五、婴幼儿社会性发展的照护策略

婴幼儿生活的环境主要是家庭。因此，婴幼儿社会性培养的措施多与家庭和父母相关。

（一）建立良好的亲子关系

1. 多与婴幼儿保持身体的接触

美国心理学家哈洛（Harry F. Harlow）的实验表明，婴幼儿对母亲依恋情感的建立并不是因为母亲喂食，而是与母亲亲密的身体接触。在婴幼儿期，抚养者应该为婴幼儿提供积极稳定的情感支持，提供积极应答的环境，关注婴幼儿的情绪和需求，并给予积极回应，如微笑、爱抚、拥抱。在抚养的过程中，抚养者与婴幼儿要有积极的情感沟通与交流，如与婴幼儿说话、做游戏、抚触等。

在当代，"隔代教育"和"留守儿童"的问题严重，对亲子双方心理成长的影响都不容忽视。从婴幼儿的角度看，与母亲的分离使婴幼儿在早期失去了其他任何情感都无法超越和替代的母爱；同时，母子的长期分离也会严重影响母亲的育儿心理发展。实验表明，母亲的心理发展也有临界期，如果早期母子分离，缺少接触，母子之间就会产生隔阂，而这种隔阂心理反作用于重回母亲身边的孩子身上，就会阻碍良好亲子关系的建立。因此，父母应从孩子出生起就尽可能地自己带孩子，维持稳定的抚养关系。如果在婴幼儿阶段频繁地更换监护人，可能使亲子依恋关系不能正常稳定地建立。

2. 采取正确的教养方式

父母的教养态度与教养方式影响着亲子关系的建立。美国心理学家戴安娜·鲍姆林德（Diana Baumrind）专门创设情境观察了幼儿和父母在一起时的活动方式，又通过考察幼儿个性特点和了解家长的教养认识、平日的教养态度与方式，将父母的教养方式归纳为以下四种主要类型：

（1）权威型教养方式：又称民主型教养方式。权威型父母会给孩子提出合理的要求，并对其行为进行适当的限制，同时，他们也会表现出对孩子的爱，并认真听取他们的想法。比如画画的时候,孩子画完一半就想出去玩,妈妈说:"你可以出去玩,但是要先画完画,好吗?"这种教养方式的特点是虽然严格,但是民主。在这种教养方式下长大的孩子,有很强的自信心和较好的自我控制能力,并且比较乐观积极,孩子与父母之间也容易建立起和谐的亲子关系。

(2)专制型教养方式:专制型的家长要求孩子无条件地服从自己。虽然有时家长为孩子设立的目标和标准很高,甚至不近情理,但是孩子不可以反抗。例如,已经很晚了,但妈妈还是要求孩子:"没有画完就不许吃饭、不许睡觉。"专制型教养方式的特点是严格,但不民主。在这种教养方式下成长的孩子,会较多地表现出焦虑、退缩、不快乐等负面情绪和行为。他们在幼儿园中可能会有较好表现,比较听话,守纪律,反社会行为也比较少。但是在这种教养方式下,孩子对父母更多的是畏惧和无条件服从,这不是一种理想的亲子关系。

(3)放纵型教养方式:放纵型的家长对孩子则表现出很多的爱与期待,但是很少对孩子提要求和对其行为予以控制。例如,孩子已经玩了一个小时的游戏,一到画画时间就哭,家长心疼地说:"好吧,不哭不哭,你玩吧。"放纵型教养方式的特点是民主,但不严格。在这种教养方式下长大的孩子,容易表现得很不成熟,且自我控制能力差。一旦他们的要求不能被满足,往往会表现出哭闹等行为。同时,他们对家长表现出很强的依赖性,往往缺乏恒心和毅力。

(4)忽视型教养方式:忽视型的家长对孩子不是很关心,他们不会对孩子提出要求和对其行为进行控制,也不会对其表现出爱和期待。对于孩子,他们一般只是提供食宿和衣物等物质,而不会在精神上提供支持。例如,单亲家庭里成长的孩子和"留守儿童"往往就生活在这种教养环境中。忽视型教养方式的特点是既不民主,也不严格。在这种教养方式下长大的孩子,很容易出现适应障碍,他们的适应能力和自我控制能力往往较差,并且青少年时期容易出现问题。

在以上四种教养方式中,权威型是最理想的教养方式,而其他类型的父母与孩子的亲子关系或多或少地存在着问题。在婴幼儿成长发展的过程中,父母应用一种合理的方式来教养孩子,尊重并理解孩子,与孩子形成融洽的亲子关系。

典型案例

为了找出影响孩子自立的因素,美国佛蒙特大学的苏珊·克罗克伯格和加州大学戴维斯分校的辛迪·利特蒙对95位母亲及其23~26个月大的孩子进行了研究。参与这项研究的母亲和幼儿无论在家里还是在实验室都要接受观察。无论是在家里还是在实验室,研究人员都会给母子或母女一项任务,要求孩子遵照母亲的要求做。研究表明，当孩子说"不"的时候，妈妈如果用温和的态度管教（告诉孩子该做些什么）和指导（给孩子提出建议或向孩子提出问题），便会大大增加孩子遵从的机会，并且能提高孩子通过积极的方式表达自己想法的能力。与此形成鲜明对照的是，如果母亲使用负面的管教方式或利用强权施教（如威吓或怒气冲冲地命令孩子做什么）的话，极有可能导致孩子的违抗。

请结合材料，就父母的教养方式与婴幼儿社会性发展的关系进行讨论。

（二）扩大婴幼儿的交往范围

给婴幼儿留出时间和空间，让婴幼儿与同龄人充分交往。在与同伴交往的过程中，婴幼儿可以了解他人的想法与情感体验。同伴从不同于家庭的角度为婴幼儿提供关于规则的信息，起着强化者、榜样、社会比较的参照的作用。因此，无论是在家里还是在亲子中心、幼儿园里，都可以鼓励婴幼儿多与同伴交往，让婴幼儿多参加一些需团体合作才能完成的活动，让他们在彼此思想的碰撞中逐渐学会尊重别人的意见，体会到合作带来的成功的快乐，以及矛盾和误会带来的失败的痛楚。研究表明，在儿童的人际交往中，同伴交往是他们最需要、最独特的一种交往类型。随着孩子年龄的增长，他们与同伴的交往会逐渐增多，而与成年人的交往将逐渐减少，所以家长和教师一定要注重培养婴幼儿的交往能力，尤其是与同伴交往的能力。

（三）发挥父母的榜样作用

婴幼儿良好社会行为、社会情感的形成与发展，主要是通过观察性的学习和模仿实现的。榜样在婴幼儿社会性学习与发展中占有很重要的地位。对于婴幼儿而言，父母是他们直接模仿和学习的榜样。比如，家长在人际交往中的言谈举止会成为孩子效仿的榜样。在家庭中，孩子会自觉不自觉地接受家长处理人际关系的倾向，潜移默化地学习家长的待人接物方式。作为父母，应该言行一致，发挥好自身的榜样作用。婴幼儿社会性的发展是在基础社会化时期（婴幼儿期）实现的，而家庭是婴幼儿基础社会化的主要场所，父母是婴幼儿基础社会化的第一任老师，所以在此阶段一定要注意发挥父母的榜样作用。

（四）教会婴幼儿社交的技能

适当的交往方式是指婴幼儿在与人交往时，既能满足自己的需要，又不影响他人，并且这种方式为他人所接受。大多数婴幼儿在交往中容易表现出不恰当的交往行为,这往往是因为他们缺乏相应的交往技能。比如,一个幼儿想参与到其他小朋友的活动中去,却不知道应该如何和他们沟通交流。当婴幼儿表现出良好的交往技能和合作性行为时,成人应适时、适当地运用抚摸、拥抱、奖励等形式,对其进行关注和表扬,对这种亲社会行为给予强化。当婴幼儿出现错误的交往方式时,成人必须指出,适当给予合理的惩罚,并告诉他们正确的处理方式。

典型案例

大家一起玩

【游戏目的】

1. 愿意将自己喜欢的玩具和大家一起玩;
2. 在玩的过程中,初步学会轮流一起玩,交流玩的方法;
3. 体验与同伴一起玩玩具的快乐和情趣。

【游戏准备】

好玩的新玩具。

【游戏过程】

1. 创设情境,使幼儿知道玩具大家玩,不争夺。出示新玩具,引起幼儿兴趣,并让幼儿玩玩具,教师观察。
2. 针对活动中幼儿出现的矛盾,引导幼儿讨论感受独占玩具带来的不愉悦。
3. 鼓励幼儿与他人一起玩玩具,共同分享并探索一起玩的方法。
4. 启发幼儿想办法:如果一种玩具大家都想玩,又要玩得开心,可以怎么玩?教师启发引导:可以轮流玩。

开放话题

近些年来,我们一方面经常会看到所谓的"虎爸""狼妈""鹰爸",即那些对自己孩子格外严厉的家长,事实上,我国也有俗语"不打不成器""棍棒底下出孝子";另一方面,很多家长将希望寄托于孩子,视孩子为掌上明珠,孩子的世界只有一件事,就是学习。你如何解释这两种现象?

第四节 婴幼儿社会性发展照护实务

一、婴幼儿规范认知发展照护实务

处在秩序敏感期的婴幼儿经常出现一些"执拗行为",比如:必须自己按电梯,必须按照他的要求讲故事,物品必须放在固定位置。这些并不是婴幼儿的无理取闹,是婴幼儿正常的心理需求。

照护人员应正视婴幼儿行为,帮助其建立有规律的生活习惯(物品整齐摆放,分门别类),同时把握好界限尺度,除无理要求不能退让外,可在细节上给予婴幼儿充分支配环境的机会,支持他们做自己能做的事情(如自主进餐、穿脱简单衣物、自主如厕、为同伴分餐和摆放餐具、整理玩具等),给予他们试错和成长的机会,培养其生活自理能力、自豪感和自我胜任感,满足其秩序感。此外,创设人际交往的机会、条件和温暖愉快的情绪氛围,通过参与群体活动帮助婴幼儿理解并遵守简单的规则,逐步发展规则意识。

二、婴幼儿情绪识别发展照护实务

(一)缓解入园焦虑

当婴幼儿产生入园焦虑,不停大哭大闹时,教师可以尝试转移其注意力。教师可以通过播放动画片、弹琴、讲故事、带着小朋友做游戏等,来分散哭闹的婴幼儿的注意力。

(二)婴幼儿良好情绪的培养方法

1. 营造良好的情绪环境,保持和谐的气氛,并建立良好的亲子情和师生情。
2. 成人的情绪控制。成人要给婴幼儿以愉快、稳定的情绪示范和感染,应避免喜怒无常;不溺爱,也不吝惜爱。当婴幼儿犯错误或闹情绪时,成人应克制自己的情绪,理智冷静地对待婴幼儿的情绪与态度。
3. 采取积极的教育态度:肯定为主,多鼓励进步;耐心倾听孩子说话;正确运用暗示和强化。
4. 帮助婴幼儿控制情绪。婴幼儿不会控制自己的情绪,成人可以用各种方法帮助他们控制情绪,如转移法、冷却法、消退法。
5. 教会婴幼儿调节自己的情绪,如运用反思法、自我说服法、想象法。

三、婴幼儿同伴交往发展照护实务

（一）同伴交往的注意事项

照护者应避免进行横向比较，打击婴幼儿的积极性，使婴幼儿感到沮丧、伤心甚至愤怒。应进行纵向比较，对婴幼儿发出的亲社会行为及时予以赞扬，并鼓励婴幼儿遇到困境时主动与同伴沟通，去解决问题。

（二）通过游戏培养同伴交往能力

成人可以陪孩子"扮家家酒"，通过游戏的方式发展婴幼儿社会性。扮家家酒时，让孩子自己挑选喜欢的角色，帮助孩子准备对应的服装道具，耐心地参与游戏。

（三）应对同伴交往中的"自我中心"问题

成人可以通过一些措施帮助婴幼儿去自我中心。比如：转移家庭的焦点，不要宠溺孩子；运用移情，引导孩子站在他人的角度思考问题；还可以鼓励孩子多参与集体活动。

四、婴幼儿社会性适应行为发展照护实务

（一）提前适应陌生环境

在带婴幼儿去公共场所之前，家长可提前通过假装游戏帮助婴幼儿适应社会环境。如：用大纸箱挖出合适的洞，再罩住孩子，以此来模拟电影院，帮助孩子提前适应在公共场所看电影；在玩有关交通的游戏时，家长用纸壳画出交通指示灯，通过游戏帮助孩子理解交通规则；平时外出（如在超市买东西）时，家长如果有时无法拉住孩子的手，就可以告诉孩子："现在我们在玩开火车的游戏，你要抓着我的衣角，不然火车就断开了。"这些措施都比训斥孩子管用得多。

（二）发挥成人的榜样作用

成人间的礼貌行为会潜移默化地影响孩子。平时可渗透一些简单的社交动作和礼仪，如挥手再见、摇头表示"不"、拍手欢迎、在离开孩子时拥抱或亲吻他、回来时向他问好等。

本章小结

本章主要学习了婴幼儿社会性发展的相关内容，包括婴幼儿社会性概述、

婴幼儿社会性发展的规律与特点、婴幼儿社会性发展的照护。

社会性是指人的一种社会心理特性,是作为社会成员的个体为适应社会生活所表现出的心理和行为特征,即人在社会交往过程中建立人际关系,理解、学习和遵守社会行为规范,控制自身社会行为的心理特性。婴幼儿社会性发展具有从简单到丰富、从外部到内部、从被动规范化到主动失范化的规律,以及处于依恋高峰期、可塑性强和各方面发展不平衡的特点。

社会性培养对婴幼儿发展具有重要意义,在对婴幼儿社会性发展进行指导时要掌握一定的策略,主要从婴幼儿的社会认知、社会情感及社会行为三个方面进行指导。

巩固练习

一、选择题

1. 婴幼儿的社会心理发展可分为个体发展和他人关系发展两个方面。下面不属于个体社会性发展的是（　　）。
   A. 自我意识　　　B. 情绪情感　　　C. 气质　　　D. 同伴关系

2. 对婴幼儿来说,生活中最主要的接触者不包括（　　）。
   A. 父母　　　B. 邻居　　　C. 同伴　　　D. 教师

3. 依恋的基本类型不包括（　　）。
   A. 安全型　　　B. 回避型　　　C. 不安全型　　　D. 焦虑型

4. 设计"陌生情境"实验,测定婴幼儿依恋类型的是（　　）。
   A. 皮亚杰　　　B. 鲍比　　　C. 刘晶波　　　D. 安斯沃斯

5. 婴幼儿最初社会性发生的标志是（　　）。
   A. 诱发性微笑的出现　　　B. 不出声的笑
   C. 有差别的微笑出现　　　D. 出声的笑

6. 大约出生后6~10周,人脸可以引发婴儿微笑,这种微笑称为（　　）。
   A. 生理性微笑　　　B. 自然性微笑　　　C. 社会性微笑　　　D. 愉悦

7. （　　）的幼儿,随着自我意识的发展、行动能力的增强,开始表现出极其不合作和抗拒行为。埃里克森将这个阶段幼儿的心理社会冲突界定为自主性的羞怯和怀疑。
   A. 0~1岁　　　B. 1~2岁　　　C. 2~3岁　　　D. 3~4岁

8. 3岁的小明打针感到疼痛,便大哭起来,但是妈妈告诉他要坚强,他就含着眼泪表现出笑容,这体现了幼儿的（　　）。

A. 情绪的自我调节　　　　　　B. 情绪的稳定性
C. 情绪的社会性　　　　　　　D. 情绪的爆发性

9. 幼儿园社会教育的核心在于发展幼儿的（　　）。
A. 人际关系　　　　　　　　　B. 社会性行为规范
C. 社会性　　　　　　　　　　D. 社会文化

10. 幼儿园促进幼儿社会性发展的主要途径是（　　）。
A. 人际交往　　B. 操作练习　　C. 教师讲解　　D. 集体教学

11. 班杜拉的社会认知理论认为（　　）。
A. 儿童通过观察和模仿身边人的行为学会分享
B. 操作性条件反射是儿童学会分享最重要的学习形式
C. 儿童能够学会分享是因为儿童天性善良
D. 儿童学会分享是因为成人采取了有效的奖惩措施

12. 婴幼儿表现出明显的分离焦虑，表明婴幼儿已经获得（　　）。
A. 条件反射观念　　　　　　　B. 母亲观念
C. 积极情绪观念　　　　　　　D. 客体永久性观念

13. 婴幼儿的"认生"通常出现在（　　）。
A. 3~6个月　　B. 6~12个月　　C. 1~2岁　　D. 2~3岁

14. 让鼻子上抹有红点的婴儿站在镜子前，观察其行为表现，这个测验测试的是婴儿（　　）的发展。
A. 自我意识　　B. 防御意识　　C. 性别意识　　D. 道德意识

15. 初入幼儿园的婴幼儿常常有哭闹、不安等不愉快情绪，说明他们表现出了（　　）。
A. 回避型状态　　B. 抗拒性格　　C. 分离焦虑　　D. 黏液质气质

二、简答题

1. 0~3岁婴幼儿情绪的社会化发展有哪些典型现象？
2. 婴幼儿社会性发展遵循什么规律？

三、材料分析题

3岁的阳阳从小跟奶奶生活在一起。刚上幼儿园时，奶奶每次送他到幼儿园准备离开时，阳阳总是又哭又闹。当奶奶的身影消失后，阳阳很快就平静下来，并能与小朋友们高兴地相处。由于担心，奶奶每次走后又折返回来，阳阳再次看到奶奶时，又立刻抓住奶奶的手哭泣起来……

针对上述现象，请结合材料进行分析：阳阳的行为反映了幼儿情绪的哪些特点？阳阳奶奶的担心是否必要？教师该如何引导？

附录

托育相关政策文件

2024 年：

《卫生健康行业人工智能应用场景参考指引》

《关于加快完善生育支持政策体系推动建设生育友好型社会的若干措施》

《国家发展改革委 国家卫生健康委关于进一步完善价格形成机制、支持普惠托育服务体系建设的通知》

《国务院关于推进托育服务工作情况的报告——2024 年 9 月 10 日在第十四届全国人民代表大会常务委员会第十一次会议上》

《国家发展改革委 民政部 国家卫生健康委关于修订印发〈"十四五"积极应对人口老龄化工程和托育建设实施方案〉的通知》

2023 年：

《托育机构质量评估标准》

《家庭托育点管理办法（试行）》

《关于促进医疗卫生机构支持托育服务发展的指导意见》

2022 年：

《托育从业人员职业行为准则（试行）》

《国家发展改革委等部门印发〈养老托育服务业纾困扶持若干政策措施〉的通知》

《国家卫生健康委办公厅关于做好托育机构卫生评价工作的通知》

《关于进一步完善和落实积极生育支持措施的指导意见》

《财政部关于下达 2022 年积极应对人口老龄化工程和托育建设（儿童友好城市建设）中央基建投资预算的通知》

《国务院关于设立 3 岁以下婴幼儿照护个人所得税专项附加扣除的通知》

《托育机构消防安全指南（试行）》

2021 年：

《托育综合服务中心建设指南（试行）》

《托育机构婴幼儿喂养与营养指南（试行）》

《完整居住社区建设指南》

《关于推进儿童友好城市建设的指导意见》

《中国儿童发展纲要（2021—2030 年）》

《国家卫生健康委办公厅关于印发托育机构负责人培训大纲（试行）和托育机构保育人员培训大纲（试行）的通知》

《中华人民共和国人口与计划生育法》（2021 年 8 月修正）

《中共中央 国务院关于优化生育政策促进人口长期均衡发展的决定》

《"十四五"积极应对人口老龄化工程和托育建设实施方案》

《关于开展全国婴幼儿照护服务示范城市创建活动的通知》

《中华人民共和国国民经济和社会发展第十四个五年规划和 2035 年远景目标纲要》

《托育机构保育指导大纲（试行）》

2020 年：

《国务院办公厅关于促进养老托育服务健康发展的意见》

《国家发展改革委办公厅 国家卫生健康委办公厅关于组织实施普惠托育服务专项行动的通知》

2019 年：

《关于印发托育机构登记和备案办法（试行）的通知》

《国家卫生健康委关于印发托育机构设置标准（试行）和托育机构管理规范（试行）的通知》

《国务院办公厅关于促进 3 岁以下婴幼儿照护服务发展的指导意见》

参考文献

[1] 文颐. 0—3岁婴儿的保育与教育［M］. 北京：高等教育出版社，2016.

[2] 文颐. 婴儿心理与教育（0～3岁）［M］. 2版. 北京：北京师范大学出版社，2015.

[3] 乌焕焕，李焕稳. 0～3岁婴幼儿教育概论［M］. 北京：北京师范大学出版社，2019.

[4] 张兰香. 0～3岁婴儿保育与教育［M］. 北京：北京师范大学出版社，2017.

[5] 文颐. 婴儿早期教育指导课程（0～3）［M］. 北京：北京师范大学出版社，2012.

[6] 琼·利特菲尔德·库克，格雷格·库克. 儿童发展心理学［M］. 和静，张益菲，译. 北京：中信出版集团，2020.

[7] 伯克. 伯克毕生发展心理学：从0岁到青少年［M］. 4版. 陈会昌，等，译. 北京：中国人民大学出版社，2013.

[8] 格里格，津巴多. 心理学与生活［M］. 王垒，王甦，等，译. 北京：人民邮电出版社，2003.

[9] 庞丽娟，李辉. 婴儿心理学［M］. 杭州：浙江教育出版社，1993.

[10] 王丹. 婴幼儿心理学［M］. 重庆：西南师范大学出版社，2016.

[11] 陈雅芳. 0～3岁儿童心理发展与潜能开发［M］. 上海：复旦大学出版社，2014.

[12] 张永红，曹映红. 学前儿童发展心理学［M］. 北京：高等教育出版

社，2019.

[13] 万钫. 学前卫生学 [M]. 北京：北京师范大学出版社，2012.

[14] 周念丽. 0~3岁儿童心理发展 [M]. 上海：复旦大学出版社，2017.

[15] 吕云飞，钟暗华. 婴幼儿心理发展与教育 [M]. 开封：河南大学出版社，2010.

[16] 王明晖. 0~3岁婴幼儿认知发展与教育 [M]. 上海：复旦大学出版社，2011.

[17] 袁萍，祝泽舟. 0~3岁婴幼儿语言发展与教育 [M]. 上海：复旦大学出版社，2011.

[18] 叶平枝. 学前卫生学 [M]. 郑州：郑州大学出版社，2012.

[19] 王练. 学前卫生学 [M]. 2版. 北京：高等教育出版社，2017.

[20] 陈帼眉，冯晓霞，庞丽娟. 学前儿童发展心理学 [M]. 北京：北京师范大学出版社，2013.

[21] 朱智贤. 儿童心理学 [M]. 北京：人民教育出版社，2009.

[22] 刘婷. 0—3岁婴幼儿心理发展与教育 [M]. 上海：华东师范大学出版社，2021.

[23] 刘金华.《托育机构保育指导大纲（试行）》解析与案例 [M]. 上海：华东师范大学出版社，2024.

[24] 万慧颖，宋慧，彭妹. 0~3岁婴幼儿早期教育导论 [M]. 长沙：湖南师范大学出版社，2021.

[25] 章彩华. 0—3岁婴幼儿抚养与教育 [M]. 上海：华东师范大学出版社，2021.

[26] 高普尼克. 园丁与木匠 [M]. 刘家杰，赵昱鲲，译. 杭州：浙江人民出版社，2019.

[27] 国务院办公厅. 国务院办公厅关于促进3岁以下婴幼儿照护服务发展的指导意见 [EB/OL].（2019-04-17）[2025-03-10]. https://www.gov.cn/gongbao/content/2019/content_5392295.htm.

[28] 吕兰秋，吴美蓉. 托育机构婴幼儿照护操作指导 [M]. 上海：复旦大学出版社，2024.

[29] 张家琼，李雪. 0—3岁婴幼儿早期教养师上岗标准理论及实践研究 [M]. 重庆：西南大学出版社，2022.

[30] 董威辰，刘强. 婴幼儿托育基础与实务 [M]. 北京：中国人民大学出

版社，2023.

[31] 曾祥龙，高雪梅. 儿童口呼吸的诊断与处理［J］. 中华口腔医学杂志，2020，55（1）：3-8.

[32] 范志涛，董文鑫，方静蕾，等. 儿童口呼吸诊疗策略研究进展［J］. 国际耳鼻咽喉头颈外科杂志，2023，47（4）：216-220.

[33] 麦基翁. 学会呼吸［M］. 李相哲，胡萍，译. 北京：中国友谊出版公司，2019.

[34] 周薇，赵京，车会莲，等. 中国儿童食物过敏循证指南［J］. 中华实用儿科临床杂志，2022，37（8）：572-583.

[35] 琚腊红，赵丽云，魏潇琪，等. 中国0～5岁儿童食物过敏流行现况及影响因素分析［J］. 中华流行病学杂志，2024，45（6）：817-823.

[36] 王书荃，罗静，思愔. 0～3岁婴幼儿早期教育指南［M］. 北京：中国妇女出版社，2020.

[37] 张红. 0—3岁婴幼儿教育活动设计与指导［M］. 上海：华东师范大学出版社，2021.

[38] 左志宏. 0—3岁婴幼儿认知发展与教育［M］. 上海：华东师范大学出版社，2020.

[39] KRASHEN S D. The Input Hypothesis：Issues and Implications［M］. London：Longman，1985.

[40] 张明红. 0—3岁婴幼儿语言发展与教育［M］. 上海：华东师范大学出版社，2020.

[41] 肖阳. 婴幼儿早期阅读与活动指导［M］. 上海：上海教育出版社，2022.

[42] 康松玲，许晨宇. 0～3岁婴幼儿抚育与教育［M］. 2版. 北京：北京师范大学出版社，2020.

[43] 李营. 0～3岁婴幼儿认知与语言发展及教育［M］. 北京：北京师范大学出版社，2020.

[44] 王丽娇，李焕稳. 0～3岁婴幼儿情感与社会性发展及教育［M］. 北京：北京师范大学出版社，2022.

[45] 国家卫生健康委员会. 0—3岁婴幼儿生长发育监测指南［EB/OL］.（2024-06-13）［2025-03-10］. https://www.beijing.gov.cn/fuwu/bmfw/bmzt/yyerq/shzl/yye/202406/t20240613_3712149.html.

［46］中华人民共和国国家卫生和计划生育委员会. 0岁～5岁儿童睡眠卫生指南［EB/OL］.（2017-10-12）［2025-03-10］. http://www.nhc.gov.cn/ewebeditor/uploadfile/2017/10/20171026154305316.pdf.

［47］国家卫生健康委办公厅. 0～6岁儿童眼保健及视力检查服务规范（试行）［EB/OL］.（2021-06-17）［2025-03-10］. https://www.gov.cn/zhengce/zhengceku/2021-06/24/content_5620637.htm.